JN076693

大人のための動物園ガイド

（公財）東京動物園協会
多摩動物公園
草 野 晴 美

（公財）東京動物園協会
恩賜上野動物園
高 藤　　彰

（公財）東京動物園協会
多摩動物公園園長
土 居 利 光

（公財）東京動物園協会
東京都井の頭自然文化園園長
成 島 悦 雄

（公財）東京動物園協会
恩賜上野動物園
堀　　秀 正

共 著

養 賢 堂

まえがき

　人は一生の間に何回くらい動物園に足を運ぶのだろうか？動物園業界でよく言われるのは"動物園見学3回説"である．人は幼い時に親に連れられ動物園デビューを果たし，2回目は小学校の遠足，3回目は親となって自分の子供を連れて動物園見学を卒業する．都合3回である．この説の背景に動物園は子供のための施設という暗黙の了解がある．しかし最近は後ろ足で立ち上がるレッサーパンダ人気，旭山動物園の再生物語と行動展示，上野動物園のジャイアントパンダ受け入れなどの話題も手伝い，大人も動物園に興味を示し，動物園に行ってみようと思われる方が増えているようだ．

　多くの人にとり，かわいい動物や珍しい動物の姿や動きを見，楽しい時間を過ごすことが動物園に行く主な目的であろう．健全かつ安全なリクリエーション施設として社会的に認知されている動物園であるが，動物園の可能性を考えれば，それだけの存在にしておくのはもったいない．動物園は大人の知的好奇心を十分刺激する潜在能力を秘めている．また，野生動物がくらす自然に目をむけるきっかけ作りにちょうどよい施設でもある．

　本書は自然から隔絶された生活を余儀なくされている大人の方に，自然への窓口である動物園をとことん利用していただくためのヒントを提供することを目的に企画された．併せて，動物園の成り立ち，動物の飼育管理，これからの課題などについても紹介させていただいた．動物園がどのように動いているか，動物園の全体像をつかむ助けとなれば幸いである．

　生きている動物がくらす動物園は，毎日，何かしら新しいことがおきている．いつ来ても楽しい動物園，楽しくてためになる動物園を目指して私たちは働いている．

　この本を一読されたら是非，動物園にお出かけください．子どものときとは違った動物園の魅力を発見できることでしょう．動物園で素敵な一日を過ごしていただけるよう，動物たちとともにお待ちしております．

（ 2 ）

執筆者（五十音順）

草野晴美：（公財）東京動物園協会多摩動物公園教育普及課　動物解説員
　　　　　お茶の水女子大学理学部生物学科卒，東京都立大学理学研究科生物学専攻，理学博士．慶應義塾大学法学部生物学教室助手を経て現職．東京農工大学農学部，都留文科大学教育学部，東京学芸大学教育学部などの非常勤講師を歴任．

高藤　彰：（公財）東京動物園協会恩賜上野動物園教育普及課　こども動物園係長
　　　　　東京動物園協会公益事業課制作室（現制作広報室）のカメラマンとして動物の映像制作にあたる．2006年から現職．

土居利光：（公財）東京動物園協会多摩動物公園　園長
　　　　　千葉大学園芸学部造園学科卒，東京都首都整備局企画部に採用，南多摩新都市開発本部企画主査，板橋区役所みどりの課長，東京都公園協会緑の情報担当副参事，環境局生態系保全担当課長，環境局自然公園課長等を経て現職．首都大学東京客員教授．

成島悦雄：（公財）東京動物園協会東京都井の頭自然文化園園長
　　　　　東京農工大学農学部獣医学科卒，上野動物園飼育係，動物病院係長，多摩動物公園動物病院係長，飼育展示課長等を経て現職．北里大学獣医学部，日本大学生物資源科学部，東京大学農学部の各非常勤講師を歴任．

堀　秀正：（公財）東京動物園協会恩賜上野動物園飼育展示課　東園飼育展示係長
　　　　　1989年明治大学農学部卒．葛西臨海水族園，恩賜上野動物園，東京都農林水産部，多摩動物公園勤務を経て，2009年4月から現職．

目　次

1. 動物園の大人の味わい方

2. 動物を飼育する

3. 動物を集める

6. 動物園の社会学

7. 動物園の過去，現在，未来

（8）目 次

1

動物園の大人の味わい方

　ひと昔前は「動物園」と言えば，子どもを連れて遊びに行く所，と思われていたが，最近は大人のペースでゆったりと楽しんでくださる方々を見かけるようになってきた．一線を退いてのんびりと散策を楽しむ熟年世代，アニマル・ウォッチングという奥深い趣味を見出した方，動物や絵の勉強を兼ねて通ってくる若い世代，目的や動機はいろいろなのだろう．多摩動物公園でガイドの仕事を始めて15年以上になるが，大人ならではの味わい方をしてい姿は，確実に増えてきたと思う．動物園が徐々に様変わりをしつつある中で，大人の感覚で訪れる利用者が増えてきたことは，漠然とではあるが，動物園にとって大きな意味を持つように感じられる．ここでは私が日頃親しんでいる多摩動物公園や上野動物園のことが中心になってしまうが，すでに動物園を深く味わい始めた方々の姿に学びつつ，また動物園で今すぐに利用できるものを思い浮かべながら，「大人ならでは」の楽しみ方をご紹介したいと思う．できれば，動物園など何十年も行っていない，という方にも，お会いできることを願いつつ．

1. 動物たちの息吹を感じる

　初めに，動物たちが生きていること，それ自体を理屈抜きに味わう見方からお話ししよう．一人で，ご夫婦で，友人といっしょに，子どもや孫といっ

（２）

しょに，…と訪れ方はいろいろあり，それぞれに楽しみ方がある．あなたは，どんな楽しみ方に惹かれるだろうか．

そんなに急いでどこへ行く ―正門で―

多摩動物公園の正門付近

地図や情報を見ながら計画を練る

案内役のボランティアに相談する

　動物園の正門を入ると，たいていすぐ近くに園内のマップが設置されている．動物の種類や配置を見ながら，今日はどのように回ろうか，お目当ての動物はどこにいるのか，考えをめぐらせて入っていく．その動物園が初めてならば，とくに正門で情報を集めてから出発する方がよい．マップの近くには餌の時間や赤ちゃん誕生など，そして飼育係の話や裏側案内といったイベントなども掲示されているかもしれない．その中から１つ２つお目当てを作っておけば，１日の散策がメリハリのあるものになるだろう．しかしこの最初の出だしで，もう１つだけ心にとどめておいてほしいことがある．

　家族連れで来るときは，子どもに合わせて速いテンポで動物を回ってしまうかもしれない．また大人だけで来ても，せっかく休日の貴重な時間を割い

て来たのだから，あれも見たいこれも見たいと思うかもしれない．しかし，それではそこに生きている動物たちの息吹を感じる機会を，みすみす見逃してしまう．

　動物にも1日のくらしがある．動きや表情は，リアルタイムで変化する．テレビやビデオのように，迫力ある場面だけが編集されているわけではない．昼寝中の寝顔にも，それぞれに味がある．もし寝顔に興味が湧かなかったら，むやみに起こさず，通り過ぎよう．動物は天候や季節によっても変化する．熱帯から来たオランウータンは日本の冬の寒さで動きが鈍り，高地に生きるユキヒョウは真夏の炎天下で喘いでしまう．一生の流れもある．忙しく子どもを育てているものも，年老いてのんびりしているものも，よそから来てまだ慣れていないものもいる．その日あなたがどの動物の前で足を止めたくなるのか，それは偶然の出会いとしか言いようがない．だからこそ，その出会いを大切にしてほしい．足を止めてしばらく眺めていれば，その動物たちのちょっとした表情の変化に気づくことだろう．それは，あれもこれも見た，という達成感より，はるかに心に残るだろう．正門から入って行くときは，どうかゆったりした気分で出発して行ってほしい．

ゆたかな人生経験が味わいを深める
―アフリカゾウの前で―

　ゾウの前を3分で通り過ぎれば，ゾウはあまり動いていないように見えるかもしれない．大人のゾウは体が大きいだけあって，そうチャカチャカと動くものではない．しかし，ゾウはけっこうよく動く動物だ．いつでも何かをしている．ただ，動きがとても緩やかなのだ．とくに食事の時間は長い．だから見ている人は，たいがい「ゾウが食べている」というだけで満足して通り過ぎてしまう．また体の大きさとは裏腹に，小さな目や鼻先のデリケートな表情は，つい見過ごしてしまうことが多い．

　小春日和のある日，初老のご夫婦がベンチに腰かけて，ゆったりとゾウたちのふるまいを見ていた．たまたま，疲れて休んでいたベンチの前にゾウがいただけかもしれない．そのうち，「あのゾウ，自分の草があるのに，わざ

わざひ̇と̇のをとりに行くのよ」「こっちのゾウは鼻を出して，ちょっとやめて
…なんて」などという会話が聞こえてきた．しばらく見ているうちに，ゾウ
がただ食べているだけではなく，草をめぐっていろいろな動きをしているこ
とが，何となく見えてきたのだろう．

　30分ほどしてまたゾウの前を通りかかると，先ほどのご夫婦は，まだ見て
いた．ゾウはもう草を食べ終わり，こんどは前足と鼻先で穴掘りをしてい
た．そしてあとから来たゾウと，その穴をめぐってもめていた．「あのゾウ
は，なんでもひ̇と̇のをほしがるのね」「あ，とっちゃったよ」「さっきはいい
感じだったのにねぇ…」このご夫婦は，こうして日溜まりのベンチでくつろ
ぎながら，それぞれのゾウの性格をかなり読みとってしまったに違いない．
社会性が強いこと，優位な個体がいることなども，自然に感じ取ってしまっ
たに違いない．

　大人には，自分が過ごしてきた子ども時代，さまざまな人と過ごしてきた
人生の思い出がたくさんあり，楽しかったこともイヤだったことも，静かに

タケをもち歩くアフリカゾウ
お気に入りの場所へ行って食べる．

振り返る余裕がある．そのゆたかな人生経験が，動物園でくらす動物たちに
もいろいろなつき合いがあり，思いがある，ということに，自然と気づかせ
てくれるのだろう．今を生きる小さな子どもにはむずかしい，大人ならでは
の味わい方である．

　むろん自分の人生を重ねるだけでゾウを理解することは，むずかしい．ゾ
ウは人ではないのだ．擬人化や誤った解釈が起こってしまうかもしれない．
しかしそれでも，ゾウたちの表情を汲み取りながら，かれらの思いをさぐろ
うとしたご夫婦のゾウ見物は，なんと温かく深みのある楽しみ方だろう．

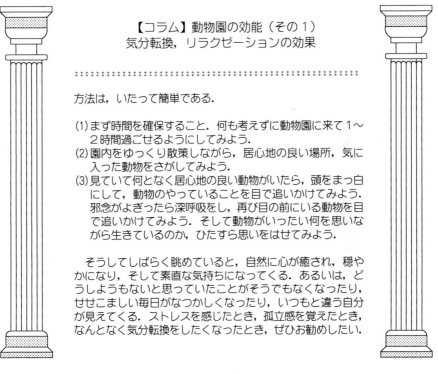

【コラム】動物園の効能（その１）
気分転換，リラクゼーションの効果

方法は，いたって簡単である．

(1)まず時間を確保すること．何も考えずに動物園に来て１〜
　２時間過ごせるようにしてみよう．
(2)園内をゆっくり散策しながら，居心地の良い場所，気に
　入った動物をさがしてみよう．
(3)見ていて何となく居心地の良い動物がいたら，頭をまっ白
　にして，動物のやっていることを目で追いかけてみよう．
　邪念がよぎったら深呼吸をし，再び目の前にいる動物を目
　で追いかけてみよう．そして動物がいったい何を思いな
　がら生きているのか，ひたすら思いをはせてみよう．

　そうしてしばらく眺めていると，自然に心が癒され，穏や
かになり，そして素直な気持ちになってくる．あるいは，ど
うしようもないと思っていたことがそうでもなくなったり，
せせこましい毎日がなつかしくなったり，いつもと違う自分
が見えてくる．ストレスを感じたとき，孤立感を覚えたとき，
なんとなく気分転換をしたくなったとき，ぜひお勧めしたい．

たまには童心に返ろう—キリンの前で—

アフリカ園の広いサバンナ放飼場の一角に，川砂を敷いた場所がある．シマウマたちが，よく砂浴びをしにやって来る．その砂の上に，ときどきキリンも座っている．キリンの足は，ほかの有蹄類と同じように，中手骨と中足骨（ヒトの手のひらと土踏まずにあたる部分）が長くなっていて，立ったときに地面についているのは，爪の先端部分だけである．その細長く１本になった中手骨と中足骨の足は，まるで竹馬のようではないか．砂の上に座ろうとするキリンは，ちょうど私たちが竹馬をはいたまま，座ろうとしているのと同じようなものかもしれない．前足を折り曲げ，中手骨の上すなわち手首をついた状態で，キリンは上半身のバランスを失わないよう，ゆっくりと用心深くお尻を落とす．座るのがあまりうまくない個体は，その中途半端な姿勢で10秒以上もバランスをとり続けていることがある．見ている方が，思

わず手を貸したくなってしまう．こんな有様だから，野生ではキリンの成獣が地面に座ることは，滅多にないという．立ち上がるのにまた時間がかかってしまうかもしれないとすれば，肉食獣のいるサバンナで座ってなどいられるはずもない．ところが動物園では敵が来ないことを十分に知っているのか，安心したキリンたちが三々五々集まって座っていることがある．座ろうとするキリンを見た人は，その長い足が，意外と不便で危険なシロモノだと実感するだろう．

座るキリン
首でバランスをとりながら，尻を横に落とす．

　大人になると，持っている知識が多くなる．キリンの首が長いのは，当たり前のことだ．キリンは足も長い，それも当たり前．そんなことは，子どもでも知っている．しかし「当たり前」という感覚では，見えることも見えなくなってしまう．ここはあえて「当たり前」を捨て，首や足が長いと現実にはどのようなことが起こってしまうのか，無心になって見てみよう．自分の身に置き換えてもいい．首が2mもあって貧血にならないのだろうか．首がかゆいとき，口も足も使えなくてどうやって掻くのだろうか．「ふしぎだなぁ」という感情がわいてくると，それまでとは違ったことが見えてくる．「目からうろこが落ちる」という感覚は，こんなふうに訪れることが多い．この感覚を味わうためには，童心に返ることが一番のコツである．

‡‡

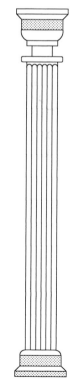

【コラム】動物園の効能（その2）
知的好奇心を発散できる

‡‡‡‡‡‡‡‡‡‡‡‡‡‡‡‡‡‡‡‡‡‡‡‡‡‡‡‡‡‡‡‡‡‡‡‡‡‡

「チンパンジーが歩くときは，手の指を曲げてつくんだね」「なんで？」「シカは毎年，角が落ちるんだよ」「どうして？」小さな子どもが「なんで？」「どうして？」を連発してくることがある．私はこれを，子どもの「なぜなぜ病」と呼んでいる．大人も，意識的にこの病気にかかってみよう．子どもの「なぜなぜ病」はたいてい答えなどどうでもよいのだが，大人はその答えを想像して楽しむことができる．
チンパンジーがナックル（指関節）で歩く理由を，私はずいぶん長いこと説明できなかった．目線が高くなってまわりがよく見えるからだろうか？　手の汚れが少なくてすむからだろうか？　たまには手のひらをベタッとついて歩くものもいるのだろうか？　こうした想像のプロセスは，楽しい思い出である．
ひとつひとつの形やしぐさには，何百万年，何千万年の進化の歴史がある．人間の価値観とはまったく別の理屈で，進化してきたに違いない．その理屈とは何なのだろう．動物園のどこかで「なぜなぜ病」を楽しんでいただければと思う．

馴染みの動物園に通ってみよう

動物は1日たりとも同じではない．動物たちの多くは，ヒトより格段に成長が早い．春にふ化したコウノトリのヒナは，梅雨明けには，もう親と見間違うほどに成長し，巣立ちを迎えてしまう．同じく春に生まれたオオカミの子どもも，秋にはどれが親だか見間違えるほどになってしまう．ヨタヨタと歩いて人々の歓声を浴びていたトラの子も，1年たったら100kgにせまり，「18年ぶりのウリボウ」ともてはやされたマレーバクの赤ちゃんも，半年で親と同じ毛色に変わり，体重も120kgを超えた．

変化は，成長だけではない．季節に応じて様子が変わる動物も多い．夏は子ザルが水遊びに興じていた平和なサル山も，発情の秋が来たとたんに喧嘩が頻発するようになり，あちこちで威嚇の声や恐怖の叫び声が響くようになってしまう．人影もまばらな真冬の2月，ツルのつがいは優雅に求愛の舞いをおどり，こだますような鳴き声をあげる．

コウノトリの子育て

マレーバクの母子（子は生後3日）
（多摩動物公園提供）

　園内に放し飼いにされているインドクジャクは，隠れた人気者だ．「いつ
羽を広げるの？」とよく聞かれるが，初夏から年末までは衣替え（換羽）の季
節だから，この時期見られるのは「食い気」ばかりだ．羽を広げて求愛をす
る「色気」のクジャクを見たければ，お正月を過ぎるまで待つしかない．

動物たちが月日とともに，季節とともに，一生の流れとともに表情を変えることこそ，「生きている」ことの証なのである．それは動物園に入りたての私にとって，大きな感動であった．動物を見に来る人，とくに大人の方には，是非わかってほしい．何回も見に来てください，とは，その変わりようが一番の醍醐味だから言うのであって，単に営業で言っているのではないことを．

‡‡

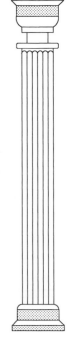

【コラム】動物園の効能（その３）
生きている感覚が味わえる

月日の流れ方は，動物の種類によって違う．鳥のヒナは，成長が早い．ふ化後２〜３ヶ月もすれば，親鳥と同じ大きさになってしまう．子育てやヒナの成長を見るなら，その間，月に２〜３回通うとその変化を追うことができる．オオカミの群れの子育て，バクのウリボウの成長なら，誕生後およそ半年くらいの間，月に１回通うと変化がわかる．ヒトの子どものようにゆっくり成長するゾウや類人猿などは，何年もその変化を楽しむことができる．半年に１回，１年に１回でも，「あの子はどうしているかしら」と気に止めれば，最初は母親にベッタリくっついていた赤ん坊が，遊んだりイタズラをしたりしながら，少しずつ成長していく様子が見てとれるだろう．

１回見ただけの動物の表情は，動物からすれば，ほんの一瞬の表情に過ぎない．変化を追うことで，初めてその動物に流れている時間を知り，季節を知り，一生を想像することができる．お気に入りの動物，興味のある動物がいたら，どのくらいの間隔で来ればよいのか，動物園の人に聞いておこう．もしもそんな楽しみ方をしてくれる人が増えたなら，それこそ大都会の片隅で飼われている動物たちも報われるに違いない．

お子さん，お孫さんといっしょに来るときは…

　ところで，中には小学生やもっと幼い子どもさんといっしょに動物園に来る大人の方もたくさんいらっしゃることだろう．大人も子どもも楽しく動物を見られるならば，どのようなスタイルでもよいと思うが，そうでない場合はどうしたらよいのだろう．

うまく楽しめないでいるパターン：

（その1）大人はもっと動物を見ていたいのに子どもが飽きてしまい，次から次へと引っ張っていく．子どもが動物からすぐに離れてしまうので，大人はしかたなく動物をゆっくり見ることを諦め，子どものあとを追う．

（その2）子どもは元気に動物を見ているが，子どもの疑問に大人がどう答えてよいのかわからず，大人と子どもの間でうまく言葉がかわせないまま終わってしまう．

（その3）大人が率先して子どもの興味を引こうとし，適当な説明をしながらガンガン子どもを先導していく．間があくと気まずいので，少々間違った説明でもおかまいなしだ．

　これらのパターンは，いずれも大人の表情が少々しんどそうに見える．

　日曜日の昼前，インドサイの前に家族連れが来た．30代のご両親と小学生の子どもが2人，みな特別に動物が好きというわけではなさそうだ．放飼場の奥の方で寝ている姿，比較的近くでムシャムシャと草を食べている姿，小屋の中で寝ている姿をひと通り見た．そして，近くで出店をかまえていたボランティアのスポットガイドへ行き，サイの標本をさわったりサイの名前を聞いたりしていた．子どもはすぐに反応し，放飼場で草を食べていたサイの前で「右のがナラヤニだって．（食べているのは）干し草だって．おいしいのかな？パサパサしちゃうよね」というと，ほかの3人も寄ってきて，その食べているサイを見始めた．「ほかには，なにも食べないのかなぁ？」「あ，こっち見た」「見られるの，イヤなんじゃない？」．

　楽しむコツは，大人も子どもも，自分の興味にしたがって素直に流れていくことだ．他愛のないことでも，同じことに興味を持った瞬間は，大人も子

（ 12 ）

どもも同じ顔になる．そして大人が子どもに説明をするのではなく，大人も子どもも，自分の見たこと感じたことを素直につぶやいてみるのがよい．動物が食べていたら「何をしているのかな？」「何を食べているんだろう？」，きっと子どもも動物を見ながら，何かを答えてくれるだろう．理屈ではない感覚的なものを捉える力は，むしろ大人より子どもの方が優れていることも多い．大きい動物の前では，素直に「大きい！」と感じてくれる．子どもは，努力して童心に返らずとも，天性の童心を持っている．子どもが発した言葉に，ゆめゆめ「サイがでかいのは，当たり前だ」「ゾウは，もっとでかい」などと切り返えしてはいけない．素直に「大きい」ことを共感しよう．そして「ごはんも，たくさん食べるんだろうね」「うんちは，どのくらいするのかな？」体が大きいことで現実にどんな問題が起こるのか，想像してみよう．目の前にいるサイから答えが見つかるかもしれない．まわりに説明があるかもしれない．いっしょに動いてみよう．自然な会話は，動物の前で大人と子どもを結びつけてくれる．その日どこでそんなふうになれるのか，それはわからない．それも，動物との出会いによるからだ．1つでも出会いがあれば，それを大切にしてほしい．きっと動物園でのよい思い出になるだろう．

ブラシをかけてもらうシロサイ

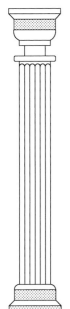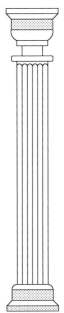

‡‡

【コラム】動物園の効能（その４）
人との共感を味わう

‡‡‡‡‡‡‡‡‡‡‡‡‡‡‡‡‡‡‡‡‡‡‡‡‡‡‡‡‡‡‡‡‡‡‡‡‡‡

　学校へ行くことができなくなってしまった何人かの中学生と，動物を見ながら園内を散策したことがある．いろいろなエピソードを交えながら語りかけるのだが，みな静かでなかなか打ち解けてくれない．30分ほど歩いてウマの前に来たときのことだ．ウマは木製の柵に体をこすりつけ，わき腹のあたりをせっせと掻いていた．そのウマの気持ち良さそうな顔，そして今にも壊れそうに柵がギシギシと傾いているのを見て，女の子の表情が和らいだ．フッと空気が変わり，ほかの子も「ああやって掻くんだ」「壊れるよ，あの柵」などと言葉を出し始めた．彼らの言葉を引き出したのは，私でも引率の先生でもない．まぎれもなく，ウマであった．

　親と子，先生と生徒，家族と友人，動物の前で同じつぶやきを発していた見知らぬ人．日常生活で幅を利かせている「立場」も「肩書き」も，動物の前では何の意味もない．そこには，素直な裸の人間がいるだけである．

自分だけのアイドルづくり

　ある日正門で小学生の女の子を連れた女性に声をかけられた．「今日は，オランウータンのモリーさんは見られますか？」聞けば，その女性は「モリーさんに会いに来た」のだという．モリーは，推定1952年生まれの「おばあさん」である．現在，世界中の動物園にいるオランウータンの中で，最高齢となっている．インドネシアから親善大使として日本に来た1955年以来50年間，ずっと上野動物園で親しまれ，2005年，多摩動物公園にできた新オランウータン舎に移ってきた．左目は失明し，残された右目も，垂れ下がってしまうまぶたを指で持ち上げていないとまわりが見えない．しかし持ち前の好奇心と旺盛な食欲は健在で，いつも指でまぶたを持ち上げながら，周囲を，人を，となりのオスを，日替わりの遊具を見ては，ゆたかな表情を見せてくれる．その女性は，自分が子どもの頃，やはり親に連れられて上野動物

園に行き，そこでまだ若かったモリーと出会ったのだそうだ．モリーに会い
に上野動物園に通い，やがて自分が親となり，子どもを連れて，またモリー
に会いに通った．そのモリーが多摩動物公園に引っ越してきたので，今度は
多摩動物公園に通うことになった，と言う．

　ここまで動物と強い縁を感じている人は，そう多くはないかもしれない
が，それでも自分だけのお気に入りのアイドルを持っている方を，意外によ
く見かける．コアラのタムタムを見に通ってくれていた方が何人もいたこと
は，タムタムが死んだときになって，初めて知った．タムタムは，オースト
ラリアから日本に初めてやって来たコアラの1頭で，日本一の長寿記録を残
してくれた．子ゾウのマオと誕生日が1日違いだという4才の女の子を連れ
た女性は，子ゾウが旅立った先の盛岡市動物公園まで見に出かけた，と，母
ゾウの前で話してくれた．自分だけのアイドルを持っている人は，その動物
によって癒され，その動物が持つふしぎさを感じ，その動物と対峙しながら
いっしょに人生を歩んでいる．

　アイドルは，しかし時としてマスコ
ミに祭り上げられてしまうことがあ
る．一目見るだけのアイドル，流行と
して祭り上げられた虚像のアイドル
は，あるがままの動物を見てほしい，
理解してほしい，という動物園の願い
とはかけ離れた存在だ．アイドルを求
めるならば，どうかそのような作られ
たアイドルを追いかけるのではなく，
あなただけのアイドルを見つけ，かれ
らの本来の姿に思いをはせながら，末
永くつき合ってほしい．

オランウータンのモリー
まぶたを持ち上げて見る．モリーの目に，
人はどのように映っているのだろうか．

病気の動物の前で

　病気の動物は，たいてい養生のため隔離されており，人々の目にさらされることはまれである．しかし生身の動物とあれば，必ずしもすべてが健康であるとは限らない．

　2004年8月に生まれたトラのイチローは，母親が初めて自力で育てた子どもだった．ネコ科の幼獣にしては珍しく，じゃれつくような活発な遊びが少なく，キーパーが与えた遊び用のダンボールをこわがって逃げ出した．これもイチローの個性なのだろう，と思っているうちに，時おり癲癇に似た痙攣発作を起こすようになった．大学の研究機関に依頼して調べてもらったが，原因は不明という結果であった．放飼場に出せば発作のときに壁に激突したり堀に落ちたりする危険もある．イチローは，小屋の中で痙攣を抑える治療をほどこしながら，展示を続けることになった．そしてオリの前に「発作が起きたら，通報してください」という張り紙がつけられた．成長に応じて，薬の量も増やさなければならない．体が大きくなると，薬が効かずにまた発作が出る．発作を起こし，七転八倒暴れるトラの子どもを目の前で見た人

格子の中のイチロー（生後1年7カ月）
（多摩動物公園提供）

は，さぞ驚いたことだろう．私がトラのガイドをしているときにも，イチローの様子を案じて何回も足を運んでくださる人々に出会い，病状を尋ねられることが多かった．結局，イチローは2006年11月に2年3カ月の短い一生を終えた．イチローのオリの前に用意した大きな紙には，人々からのメッセージがたくさん書き込まれた．「イチロー，ありがとう！」．

‡‡

【コラム】動物園の効能（その5）
イチローを展示していた
トラのキーパー（KP）との一問一答

‡‡

筆者　イチローの展示には，お客さんからさまざまな反応があったことと思います．イチローが発作を起こしている，と，お客さんから通報をもらったことはありますか？

KP　ええ，ありますよ．

筆者　なぜ発作を起こすかもしれないイチローを展示し続けたのですか？

KP　個人的には，病気のトラを人に見せたいとは思いませんでした．できればトラらしいトラを見てもらいたいです．でも公開していた室内を閉鎖したくなかったですし，生まれたときからイチローを見に通ってくれた固定ファンの人々に対して，イチローを隠すようなことはしたくなかったのです．

筆者　イチローは，動物園でどんな役割を果たしてくれたと思いますか？

KP　うーん，むずかしいですね．動物福祉の面では議論すべき点もあるでしょうし．でも動物園の野生動物は，ペットのように可愛がるのとは違うと思います．飼う方も見る方も，「イチローがかわいそう」というような情に走るだけではいけないと思います．動物を見せることで，トラのこと，トラが置かれている状況のことをもっとよく知るきっかけになってくれればいいな，と思います．イチローを気にかけて何回も見にきてくれた人には，そういう機会がきっと増えたと思うので，その意味ではイチローの果たした役割はあると思います．

動物の死

「動物園では動物が死んだらその遺骸はどうするのか」と質問されること
もある．一般的な質問の場合もあるが，特定の個体について聞かれることも
ある．長寿記録を残して老衰などという場合はまだよいが，そうでない場合
は，動物を大事に扱っていないと非難されるのではないか，答える人間には
いつも不安がつきまとう．

　2006年の夏，日本一大きなアフリカゾウとして長年親しまれてきたオスの
タマオが急死した．動物が死亡した場合は，すべて獣医師の解剖によって死
因が調べられる．感染症なら残された動物も検査をしなければならないし，
同じような事故が繰り返されるのであれば，事故が起こりやすい原因をつき
とめて改善しなければならない．タマオの巨体も，そうして調べられた．死
因は，倒れたときの衝撃によると思われる内臓の損傷と診断された．しか
し，なぜ倒れたのか．それは，わかっていない．倒れる直前まで，タマオは
いつも通り元気にしていた．推定38才．動物園に来てから35年以上もの間，
倒れるなどということは一度もなかったし，またゾウの寿命に達するほどの
年齢でもなかった．それでもタマオはアフリカゾウのオスとしては日本で

タマオの献花台
タマオを偲ぶ週には，多くの人が訪れた．（藤田久彌氏撮影）

もっとも高齢になり，タマオの世話をして出てくる問題は，飼育する者にとって初めてのことばかりだった．タマオが倒れるようなどんなことが起こったのかわからないまま，残された者は「なぜ」を繰り返す．

　どんな動物でも，赤ちゃんはかわいい．母子のやりとりや元気な子どもは，見る人の心を和ませる．しかし生きている限り，あるものは病気で，あるものは事故により，あるものは年老いて死んでいく．生まれる喜びも，育つ楽しみも，そしていなくなることの喪失感も，その生きた過程を深く知るほど，心に残るものは大きい．タマオがいなくなってしばらくの間，タマオが死んだ理由を人々に尋ねられる日々が続いた．

2. 周辺情報を活用して理解を深める

　ここまでは，動物たちが「生きていること」を実感する見方を中心に話を進めてきた．しかしいくら好奇心があっても，自分の実感だけではいつか興味が薄れてしまうだろう．こんどは，動物の周辺にある情報を活用しながら動物への理解を深める見方を，お話ししよう．自分が実感したこととはまた違った動物たちの現実が，見つかるかもしれない．

　ノウサギのガイドをしているとき，「ノウサギが1頭ずつ狭い部屋に入れられて，可愛そうではないか」というご意見を頂いたことがある．その方のウサギのイメージは，ピーターラビットのように，たくさんのウサギが巣穴を掘って仲良くくらしている，というもののようだった．しかしノウサギ（hare）とアナウサギ（rabit，だからピーターラビットはアナウサギのことである．ちなみにカイウサギはアナウサギを品種改良したもの）は，成獣の姿はそっくりなのだが，その生態はだいぶ異なる．ノウサギは穴も掘らなければ，集団でくらすこともない．2頭いっしょにしただけでも，激しい闘争で傷だらけになることがある．茂みに隠れたいという習性も強い．結局ノウサギがいちばんリラックスし長生きをしてくれる小屋は，身を寄せる場所の多い小さな個室ということになったのである．

　すでに持っていたイメージと異なる場面に出くわしたり疑問を感じたりし

たら，それは新しい理解を生む原点になる．また動物を情緒的に見るあまり，動物を人（自分）と同じように見なしてしまえば，それは野生動物を理解することにはならない．ここからは，ゾウをゾウとして，トラをトラとして，正しく理解するための手がかりをご紹介しよう．

 ## 動物の表札「種名ラベル」

　動物の種名が日本語（和名）で書いてあり，どのような動物の仲間に属するのかわかるように，たいてい目（もく）や科といった分類カテゴリー名が添えられている．ほかに英名や学名，野生での分布域や食性についての簡単な説明が書かれていることも多い．よく知っている動物は，看板など見なくてもわかると思われるかもしれないが，体重が70kgもある少々体格のよいチンパンジーを目の前に，「あ，ゴリラよ」などと思ってしまう人も実際にいるのである．印象が深かった動物は，とにかく種名を確かめよう．いくら動物の印象が深くても，あとで「あれはなんだったっけ？」というのでは，せっかくの出会いがもったいない．

　分類カテゴリーは，慣れ親しめばとても便利なものだ．科学の世界では，地球上のあらゆる生き物が，進化の道筋に沿って，どれが近い仲間かわかるように分類されている．比較的新しい時代に共通の祖先から分かれてきた種は，同じ属に，同じように近い属は同じ科に，近い科は同じ目に含まれる．たとえば，トラは食肉目ネコ科，オオカミは食肉目イヌ科，キツネは食肉目イヌ科である．どの2種がより近い仲間かといえば，同じイヌ科に属するオオカミとキツネ，ということになる．しかし3種とも同じ食肉目だから，霊

種名ラベル
多摩動物公園の場合.

分類カテゴリー

大きなグループ					
↕	界（かい）	動物	動物	動物	植物
	門（もん）	脊索動物	脊索動物	節足動物	被子植物
	綱（こう）	哺乳動物	鳥	昆虫	単子葉
	目（もく）	食肉目	ツル目	直翅目	ユリ目
	科（か）	ネコ科	ツル科	イナゴ科	ユリ科
	属（ぞく）	ヒョウ属	ツル属	イナゴ属	ユリ属
小さなグループ	種（しゅ）	トラ	タンチョウ	コバネイナゴ	ヤマユリ

長目のサル類や偶蹄目のキリンより，近い仲間であることがわかる．目の名前には，「食肉」とか「偶蹄」のように動物の大まかな特徴が表されているから，意味合いもわかることだろう．

　科学の世界では，私たち人間もほかの生き物と同列に扱われている．和名はヒト（学名は*Homo sapiens*）といい，霊長目ヒト科に分類される．目の名前は，文字通り「霊を持つ動物」という意味である．ヒトともっとも近いと考えられているチンパンジーやゴリラは，つい最近までショウジョウ科にまとめられ，ヒト科と分けられてきた．しかしDNA（デオキシリボ核酸＝遺伝子の役割を果たす物質）の研究が進み，現在ではチンパンジーやゴリラも私たちと同じヒト科に含める考えが主流になりつつある．自然の中でつつましく生きてきた類人猿はどれも絶滅の危機に瀕しており，片や言語と道具を駆使してきたヒトは地球上に蔓延してしまった．類人猿とヒトはこんなにも違うように見えながら，それは生物学的にはほんの小さな変化によって起きてしまったことのようだ．科学の世界は，日進月歩である．「えっ」と驚くような分類の変更もあるかもしれないから，念のため，分類も確かめよう．

 ## 亜種って，なに？

　「種」は，生物学上もっとも基本的なグループである．同じ種に属するものは，理論上，自然の状態で共通の子孫を残せる間柄にある．動物園によっては，種名とともに（あるいは種名の代わりに）亜種名が書かれている所もあ

る．亜種は，生息している場所によって生じる種内のバリエーションにつけられた名前である．ちょうど言葉に方言があるようなものだと思えばよい．たとえば，トラはアジアに広く分布する1種だが，インドのベンガルトラ，スマトラ島のスマトラトラ，ロシア極東のアムールトラなどいくつかの亜種が知られている．スマトラトラは模様が濃く体重はせいぜい200kgくらい，アムールトラは模様がうすく体重は250〜300kgに達する，という具合に，姿や性質が少しだけ違う．一般に分布域が広くさまざまな環境にくらしている移動性の乏しい種は，地域によって亜種が生じやすく局所的にしか生息しない種，移動性が大きく広い範囲で交流が起こるような種には，亜種が生じにくい．亜種の特徴がちょっと変わっているとか，特定の亜種が絶滅の危機に瀕している，などという場合には亜種の名前がクローズアップされてくる．

 ## 一般解説

　動物図鑑や百科事典をめくれば，動物の説明はいくらでも書いてある．しかし動物のそばに書いてある説明は，その目の前にいる動物を理解する手助けとなるようにアレンジされている．

　体のつくり　ラクダがモグモグしている．なぜ？ そばに反芻の説明があったら，ラクダのモグモグを見ながら理解しよう．ウシと同じように胃袋が4つもあるとか，一番目の胃袋に微生物がたくさんいて植物繊維を発酵させているとか，わかりやすく書いてあるだろう．そして，ひと通り読んでもまだ，ラクダはモグモグしている．一度食べた食物を口に戻し，モグモグしてまた飲み込む．そのとき飲み込んだものは，また一番目の胃袋に入るのだろうか，いや二番目の胃袋に入るのだろうか．説明を読んでからモグモグを見ると，また次の疑問が湧いてくる．まるで食物が胃袋に入ったり口に戻ったりするのと同じように，ものごとを理解するときも，行きつ戻りつしながら深まっていく．

　ところどころにあるハンズオン（さわれる解説，遊べる解説）は子どもに人気だが，大人も遠慮せずに利用してみよう．角の重さ，被毛の手ざわり，動物の力のすごさ，どれも童心に返って実感してほしい．見る，聞く，嗅ぐ，

シカの角を利用したハンズオン
大型のシカ，シフゾウの角は，
1本2kg以上もある.

さわる，これらを存分に働かせることが大切なのは，なにも子どもだけに限ったことではない.

野生でのくらし 多摩動物公園にいるアカカンガルーたちは，よく仰向けに寝ころがり，前後不覚の表情で熟睡している. それを見ると，みな思わず気持ちが和んでしまう.「野生でも，こんなふうに寝るのかしら」. しかし，野生のカンガルーは，いつも敵を警戒しているだろう. 逃げ遅れれば，死ぬかもしれない. 日中は40℃を超えるという草原で，暑さをしのぐのも大変なことだろう. 動物園の動物たちは，姿も習性も野生動物なのであるが，置かれた環境は人工的な施設である. 最近は，その動物が野生でくらしている環境を想像しやすい景観にしている動物園も増えてきたが，それはあくまで景観の展示である. 野生とは，その地域に自生する生き物を食べ，時には飢餓に見舞われ，同じ食物，同じ巣穴を利用するほかの動物と競争し，その地域に生息する肉食獣や猛禽類に狙われる，という状態である. なわばりを持つものは，同種の個体間で条件の良い場所を奪い合わなければならないし，集団を作るものは，種ごとに独特の群れ社会を作っている. それらはみな，人の手の及ばない所で生き物を淘汰する厳しい現実である. また日差しの強さ，気温，湿度，風など，本来生息している地域には

独特の気候風土があるだろう．私たちが心地よいと思う５月の日差しを，ホッキョクグマは早くも暑いと感じているかもしれない．それはやはり目の前の動物を見ただけではわかりにくい．野生の状態から切り離されているからこそ，極地や熱帯に生息する動物を日本にいながらにして見られるわけだから，そこは理屈で理解してやらなければならない．

　　絶滅の危機　「なぁんだ，ただのウマじゃないか…」と通り過ぎる前に，モウコノウマの説明を見てみよう．野生のウマはこれ１種，しかも野生では一度絶滅してしまった．人々がよく知っているウマは，人が野生のウマから作り出した家畜だ．イヌはオオカミから，ブタはイノシシから，ニワトリはセキショクヤケイから，人は野生動物からいろいろな家畜や家禽を作り出したが，名前が違えばまだわかりやすい．しかしウマは人が作り出した家畜も野生のものも「ウマ」と呼ぶから，野生のウマを見ても「ただのウマ」になってしまう．動物園では柵の中で飼われている状態だから，なおさらである．しかし説明は語ってくれる．野生では寒暖の激しい内陸の厳しい気候のもと，オオカミやヒグマを警戒しながらたくましく生きてきたが，40年ほど前に野生では絶滅してしまったこと．その後飼育されていた個体を繁殖によって増やし，最後まで野生でくらしていたモンゴルの草原に再び戻したこと．そして野生復帰を始めてから10年ほどの歳月を経たつい数年前，野生状態の群れで子ウマが生まれるようになったこと．説明を読んで再び動物を見れば，静かにたたずんでいるモウコノウマが「ただのウマ」ではない，波乱の歴史を背負ってきた野生動物であることが感じられるだろう．

　　それぞれの種がどの程度危機的な状況にあるのか，それは国際的なNGOである国際自然保護連合（IUCN）の基準にしたがっ

モウコノウマ

て，毎年レッドリストに集約されている．危機的な状況はその程度によって
いくつかのカテゴリー（下表）に分けられ，絶滅危惧のカテゴリーは，とくに
絶滅が心配されているものと考えられている．たとえば多摩動物公園を見渡
してみよう．外国産の哺乳類33種のうち，野生絶滅，絶滅危惧に含まれるも
のが16種，残りの17種も準絶滅危惧または軽度懸念に指定されている
（2007年2月現在）．つまり，外国産の動物として動物園に展示されているよ
うなものはすべて何らかの指定を受けている，というのが野生での現実であ
る．動物たちは私たちの心を和ませてくれるだけではなく，そうした野生の
状況を知らせてくれるメッセンジャーでもある．

レッドリストのカテゴリー（2000年度版）

カテゴリー		略称	状 況
絶 滅		EX	地球上に1個体も残っていない
野生絶滅		EW	本来の分布域には残っていないが，保護区や飼育下で残っている
絶滅危惧	I A	CR	ごく近い将来における野生での絶滅の危険性が極めて高い
	I B	EN	I Aほどではないが，近い将来に野生での絶滅の危険性が高い
	II	VU	絶滅の危険が増大している
準絶滅危惧		NT	生息条件の変化によっては「絶滅危惧」に移行する要素がある
軽度懸念		LC	上記のいずれにも該当しないが，要注意

※ほかに，情報不足種DD（絶滅の可能性を評価するには情報が不足している），未評価種
NE（評価基準に基づく評価をされていない）などがある．

 ## 飼育情報

もう1つ，動物図鑑や百科辞典には書いていない大切な説明がある．動物
の前を通りかかったときが，ちょうど食事時とは限らない．毎日どのような
ものを食べているのだろうか．目の前にいる動物たちは，年寄りなのだろう
か，ここで生まれ育ったのだろうか，親子なのだろうか．そうした疑問に答
えてくれる動物園ならではの情報看板である．動物好きな方には，一番親し
める看板かもしれない．

動物園での餌　動物園では，動物が柵の中にいるだけでなく，くらしのすべてが人工的に支えられている．与えている餌は，ほとんどの場合，野生と異なり，食事の時間帯や頻度も野生とは違う．動物園で与える餌のメニューは，同じ種類の動物でも園によって多少異なるが，おおむね３つの条件が考慮されている．１つは，その動物にとって必要な栄養がとれること．それは，野生での食性，家畜における研究の応用，長年の飼育経験に基づいて，決められている．あまり飼育されていない珍しい動物では，餌１つも試行錯誤しなければならない．さらに厳密に言えば，成長過程の子どもや妊娠しているメス，老齢個体など，きめ細かな配慮をしなければならない．たとえば多摩動物公園のチンパンジーには，ちょっと変わった冬季限定メニューがある．風邪の予防として与えられるネギやキンカンだ．キーパーによれば，どうやら狙い通り流感が減ったようだという．２つ目の条件は，いつでも手に入る食材であること．動物が一生くらし，世代を超えて生きている限り，毎日供給できるものでなければならない．特別な事情がなければ，ふつうに市場に出回っている人間用，家畜用の食材を使う方が無難である．３つ目の条件は，上記２つの条件を満たしているなら，できるだけ安価なこと．どこの動物園でも，台所の経済事情は厳しい．安くて良いものを手に入れたいのは，家庭の食卓と同じである．

　メニュー以外に，餌のやり方にもそれぞれに理由がある．サル山では，根菜類や果物を小さくこま切りにしてばら撒いている．サルたちにとっては，それらをチマチマと拾い集めなければならず，手間がかかる．見ている人々からは，なぜこのようにいじわるな餌のやり方をするのか，と聞かれる．しかし数十頭もいるサルの餌をすべて細かく切るのは，キーパーにとっても手間のかかる作業である．わざわざそのようなことをする理由は２つある．１つは，大きな餌をやると強いサルが独り占めにしてしまい，弱いサルに餌が行き届かない恐れがある．サルの社会では，力の強さに応じて順位がはっきりしているからだ．もう１つは，少々いじわるに見えるかもしれないが，サルたちにはできるだけ手間をかけて食べてもらわねばならない事情がある．野生では食べ物をさがし回るのにとても手間がかかるのに対して，サル

オオアリクイの餌タイム
（上野動物園）

動物園の特製メニュー

風変わりな顔つきや食べ方に見入る

ミミズのように細い舌で舐めとる

山ではあっと言う間に食べてしまい，残りの時間は退屈してしまうからだ．こんなふうに，飼われている動物がそこで何をどのように食べているのかということには，動物園の裏事情や飼育の工夫が表れる．

　個体の紹介　ニホンザルの前にいると，必ずといってよいほど「ボスザルはどれ？」と聞かれる．長年「ニホンザルのボス」という記述があちこちに書かれていたせいかもしれない．あるいは見る人自身が，人間社会の中で「ボス」を気にしているせいかもしれない．サル社会の一番強い個体が「ボス」と呼ばれること自体が疑問視されて久しい昨今でも，相変わらず「ボスザルはどれ？」と聞かれる．呼び方の良し悪しについてはサルの専門家にお任せしたいが，サルの順位が人々の関心ごとの1つであることは間違いない．動物園のサル山では，よく家系図や順位の高いメンバーが紹介されている．個体ごとのポートレート写真や特徴などの手がかりがあれば，自力でさがしあてることもできるだろう．順位が高くても穏やかな表情で休んでいることもあるし，また少々順位が低くても，スキをついて威張っているかもしれない．少なくとも，ボスという言葉につきまとう先入観で，そのときたまたま騒いでいたサルをボスと決めてかかるのは，やめよう．また目の前にいる個

サル山の家系図
（上野動物園）

体が誰だか見分けられなくても，個体ごとに名前がつけられていること，それぞれに親子関係や社会関係があることがわかる．年令や性別だけでなく，性格や特技まで書かれていることもある．その動物を理解する上で役に立つだけでなく，動物の意外な面を楽しむきっかけになるだろう．

 ## キーパーからのメッセージ

　固定された看板のほかに，キーパーの手作りメッセージもよく見かける．赤ちゃんが生まれた，名前がついた，1頭だけ離れている理由，ほかの動物園への旅立ち，変化の多い生き物なればこそ，伝えたいメッセージも矢継ぎ早に出さなければ追いつかない．

レッサーパンダの週間ニュース
展示される前の赤ちゃんの成長をリアルタイムに伝える．

　暗い巣箱の中でこっそりと子育てをする習性のある動物は，「赤ちゃん時代」を展示することができない．レッサーパンダも，そんな動物の1つだ．出産はたいてい梅雨時の6～7月だが，レッサーパンダの子どもが人々の前にお目見えするのは夏も過ぎた頃になる．まだかわいい盛りではあるが，毛色は大人と同じような模様になり，一人前にタケも食べるようになっている．何とか生まれて間もない

様子をお伝えできないものだろうか. しかしむやみに巣箱をのぞけば, 母親がおちついて子育てをすることができなくなる. そこで, あるキーパーは考えた. 園内をさがし回り, 遊んでいたモニターを通路に置き, 小さなカメラを巣箱につけた. 真夏の最中, 外にいる大人のレッサーパンダたちは日陰でしごく目立たない生活をしていたが, モニターには, 巣箱に戻ったときに大写しになる母親の忙しそうな顔やうす暗い巣箱の底でモゴモゴうごめく赤ん坊の姿が映っていた. また別のキーパーは, せっせと赤ん坊の写真を撮影し, 成長する過程をコマ撮りのように通路に張り出して体重や動きの変化を書き添えた.「赤ちゃんはいつから見られるようになりますか」と聞かれる頻度が増したことは, 言うまでもない. ガイドのときは, お目見えの頃にまた来てね, というのが常となった.

　キーパーの苦労がにじみ出ているメッセージもある. 動物園のクマは, 行ったり来たりと往復していることが多い. クマが水遊びをしていたら, 逆に「クマは行ったり来たりするものではないんですか」と聞かれたこともあった. たとえばクマの中でもっとも小型なマレーグマ. 野生では熱帯の森で四六時中食物をさがし回り, あるときは土を掘り, あるときは木に登り,

舌を出すマレーグマ

チンパンジーの質問コーナー
キーパーの質問回答に読みふける.

あるときは水場へ行き, さまざまなものをいろいろな方法で見つけるという. このようなクマを毎日同じ限られた空間に入れ, 決められた時間に餌を与えると, 残りの大半の時間は行ったり来たりしてしまう. 2年前に水場やジムを完備した新しいケージに入ったマレーグマは, おそろしい勢いでケージのあちこちを破壊して遊んでいた. しかしそれも最初の頃だけで, やがてやはり行ったり来たりし始めた. キーパーは, 天然木や古タイヤ, 大きなボロ布, ブイなどさまざまな遊具を入れてみたが, 少し遊ぶとすぐに飽きてしまう. そもそも同じことをいつまでも面白がるほど単純な動物ではないらしい. それでもキーパーはめげずに「マレーグマの面白グッズ」なるものを考案し続けた. そして今ではたまにしか興味を示さなくなってしまった遊具で遊んでいたときの様子, ときどき見せる曲芸士のようなユニークな姿, あぐらをかくような座り方で食べている場面など, 撮りだめた写真のアルバムを動物の前に置いている. アルバムの向こうでは, やはりマレーグマが行ったり来たりしていたのではあるが….

　質問コーナーを設置している所もある. チンパンジー舎の質問箱に寄せられた大人の方からの質問を見てみよう.「チンパンジーの群れで, いじめはあるのか (男23才)」「ケンカのあと, どのように仲直りするのか (男37才)」などは, チンパンジー同士のイザコザを見たと思われる方が, 世のいじめ問題を思いながら, 書いたものだろう. また「チンパンジーは虫歯にならないのか (女22才)」「チンパンジーたちは日々見られてストレスを感じないのか,

ストレスの解消法はあるのか（女21才）」などは，チンパンジーを思いやる心から書かれたものだろう．「チンパンジーの血液型は，ヒトと同じか（女36才）」「背骨のS字曲線は，ないのか（男44才）」というような，ヒトに近い動物ならではの科学的な興味も見受けられる．キーパーはそうした質問に1つ1つ回答を書きながら，人々の興味や疑問を知ることができる．そして質問と回答の張り紙は，ほかの人々への一風変わった説明となっている．

3. ガイドを聞こう

　動物園で出会えるのは，動物だけではない．動物園の職員やボランティアとの出会い，あるいは来園した方どうしの出会いもある．ここでは人と人の出会いを通した動物園の味わい方について，お話ししよう．

 ## どんなガイドがあるの？

　動物園のことをよく知っている人と出会うためには，ガイドを聞くのがいちばん確実である．どんな人が，どのようなガイドをしているかは，動物園によってさまざまであり，それぞれに特色がある．たとえば多摩動物公園では，キーパー（飼育展示係の職員），動物解説員（教育普及係の職員），東京ZOOボランティアズ（動物園のボランティア団体）の三者がガイドを行なっている．

　動物の世話をしているキーパーは，もっとも動物に近い存在だ．飼育現場の生々しい裏事情，飼育の技術や動物の個々の性質などが詳しく聞けるのは，キーパーをおいてほかにはいない．また担当の動物の前でガイドをしているボランティアは，キーパーのように動物に詳しいわけではないが，見る人の興味に寄り添い，見る人の立場でやさしく動物の魅力に誘う．そしてガイドの専従職員である動物解説員は，園内にいるどの動物に関しても来園者に興味を持ってもらいたいと願っている．

　ガイドのしかたにも，いくつかのスタイルがある．キーパーやボランティアは，自分の担当動物のガイドを行なうことが多い（スポットガイド）．しか

し解説員は，特定の動物だけガイドをすることも，いくつかの動物を流し歩きしながらガイドをすること（ガイドツアー）もある．また場合によっては，キーパーの協力を得てガイドを組み立てることもある．ガイドの時間も，2タイプある．キーパーは飼育作業があるため，決まった時間か作業の合間に行なっている．動物解説員も決まった時間に行なっている．一方ボランティアのガイドは，動物の前に比較的長い時間滞在するフリータイムである．これは職員にはなかなかできないスタイルであり，見る人は時間を気にすることなく，自分の興味に沿っていつでも気楽に動物のことが聞ける．さて，あなたはどんなガイドをご希望だろうか．以下，それぞれのガイドについて，ご紹介しよう．

キーパーは，動物の代弁者

　キーパーは担当している動物を健康に飼育し，あるいは繁殖させ，そしてその動物が持つ本来の魅力，生き生きとした表情を見てもらえるように工夫している．その動物の魅力もむずかしさも，誰よりも知っている．キーパーのガイドは，話している当人が意識するしないに関わらず，独特の臨場感や意外性に富んでいる．

キリンのキーパーガイド
木の葉をやりながら，キリン独特の食べ方を説明する．

　ある日の午後，キリンの餌台で若いキーパーが木の枝葉を与えながら，キリン独特の食べ方について説明していた．れっきとした大人でも，その身長はキリンの首の長さより短い．キリンの大きな頭が近寄り，黒っぽい筋肉質の長い舌で木の枝葉を巻き取る瞬間，キーパーはグッと足を踏ん張る．そうしないとキーパーごと持ち上がってしまうからだ．舌先の使い方，キリンの食性などについて語りつつ，足を踏ん張り，一方でキリンを驚かさないように自分の動きを抑制している．キリンは臆病な動物だから，何かを気にするとすぐに立ち去ってしまう．子どもがステンレス製の水筒を柵にぶつけたとたん，十数頭のキリンが一斉に逃げ去ってしまったこともあった．キーパーが語っているのは，言葉だけではない．動物に接しているときの様子全体が，人々に言外のメッセージを伝えている．

　お客さんによく見える場所で動物に餌をやり，食べる様子を見てもらえるようにしている動物園は多いのではないだろうか．風変わりな食べ方をする動物は，その特徴がわかるように工夫をこらし，とくにキーパーガイドと書いていなくても，餌をやりに出てきたキーパーが人々に肉声で語りかけることも多い．

　キーパーは，ときにイレギュラーなガイドを行なう場合もある．何らかの事情で人工哺育をしなければならなくなった動物がいるときも，その一例である．ヤギやロバ，モルモットなどの家畜はさておいて，野生動物はその種本来の習性をできるだけ失うことがないように，引き綱をつけたり動物にむやみに触れたりしないのがふつうである．しかし人工哺育の動物に関しては例外的に人と密接な関係が生じてしまうため，あえて来園者の近くに連れ出すことがある．多摩動物公園ではこの10年ほどの間に，ライオン，サーバル，トラ，カンガルー，チンパンジー，ワラビーなどで，動物を直接扱いながらあるいは散歩をしながらキーパーガイドが行なわれた．「かわいい」「さわりたい」と人々が殺到してしまうこともあるが，動物をよりよく理解してもらうチャンスでもある．なぜその動物だけが人がさわれる状態になっているのか，どこをさわると動物は嫌がるのか，キーパーの口から出てくる言葉は，図鑑には書いていないことばかりである．

　子ゾウが育ち盛りのとき，その子ゾウはちゃんと母ゾウに育てられていたのだが，それでも来園者が直接子ゾウの鼻に餌を渡すミニ・イベントが日常的に行なわれた．子ゾウの鼻先のかたさ，温かさ，鼻の穴から出てくる息使い，そんな感触に老若男女を問わず鮮烈な印象を持ったことだろう．当の子ゾウにとっては，人はこわい存在ではない，ということを学ぶ大切なトレーニングとなっていた．将来体重が数トンにもなったとき「人嫌い」になっていたのでは，危険極まりない．ゾウ自身にとっても，それは不幸なことである．子ゾウが鼻を振って当たると危ないから，というキーパーの注意はそれ自体，子ゾウの力が見る人の想像を超えて強力なことを伝えていた．キーパーが伝えることは，筋書きに沿った説明でないことも多い．

　しかしキーパーが伝えたいことは，日常の短いガイドでは，とうてい語りつくせない．手をやいた苦労話，思わず笑ってしまうエピソード，えっと思うような意外な話．キーパーの話はガイドとは別に時間を設けている所も多いので，そちらも合わせて聞いてほしい．

 ## 人と動物に寄り添うボランティア・ガイド

　動物園に来た人から見れば，職員とボランティアの違いはさほど重要なこ

大きな頭骨に思わずさわる

とではないだろう．どちらもふつうの人より，動物園のことを知っている．しかしボランティアに共通しているのは，人を迎える温かい雰囲気である．前に述べたように，ボランティアは比較的長い時間動物の前に滞在している．とくに多摩動物公園の場合は，休憩時間をのぞいて午前も午後も動物の前に立っている．そうすれば，人々の声が自然に聞こえてくる．ある人は小さな発見を喜び，ある人は疑問を抱き，ある人は動物に気づかないまま，動物の前を過ぎていく．人を迎える温かい雰囲気は，相手の状況や興味に合わせ，個別に対応することができるところから生まれてくるのだろう．

ガイドのしかたはさまざまである．ある場所では，毛や羽，角，餌や糞などといった標本を出店のように並べて説明をしている．動物にはさわれなくとも，標本はさわって確かめることができる．臭いを嗅ぐこともできる．感覚をフルに使いながら，動物の説明を聞くことができる．またある場所では，ガイドがいることがわかるように旗を立て，見ている人に声をかけたり質問に答えたりしている．質問されてからノートを開いている新人もいれば，20年以上も立ち続け誰よりも長く動物を見続けてきたベテランもいる．チンパンジーが子どもを産んだ．子育てのしかたは，十数年前に母親が生まれた時にその母親がしていたのとそっくりよ，などという語りは，キーパーとはまた違ったリアリティーがある．ガイドのしかたは，その人その人の持ち味である．

 ## 動物解説員のガイド

これを書いている私は，この動物解説員の一員である．一人でも多くの人が動物と出会う感覚を味わってほしい．そしてできれば野生動物への興味を少しでも深めてほしい．参加者が動物から直接何かを感じ，何かを発見できるようなそんなガイドができたらどんなにすばらしいだろう，と思うのだが，悲しいかな，何年経験を積んでも未だにそのようなガイドには至っていない．悪戦苦闘の日々である．

ガイドツアーには一応テーマがあるのだが，動物をじっくり味わってくださる方が多いと，ガイドはつい動物任せになってしまう．先日もユキヒョウ

のガイドを終えて次の動物へ移動しようとした矢先，目の前で交尾が始まってしまった．参加者の目はそれに釘付けになり，やむなくユキヒョウの交尾の実況ガイドをすることとなった．交尾後もさらに動き回る2頭の前から誰も次の動物へ移ろうとする気配がなく，結局ツアーは諦め，全部の時間をユキヒョウに使ってしまった．

　動物が人々を引きつけるときは，動物任せでもよいのだが，その逆の状況もある．たとえば人気ベスト5に入るコアラも，実はガイド泣かせの動物だ．昼下がりの餌替え時以外は1日の大半を寝ているので，午前中は木の上でピクリとも動かない寝姿をガイドしなければならないこともある．人々は「なぁんだ，寝ている」とがっかりする．どうしても動く動物が見たい，というものらしい．コアラは寝てばかりいるのが大きな特徴だから，ここは何とかしなければならない．気持ちがそがれないうちに，まずコアラの寝姿を見てみよう．どんなかっこうで寝ているのか，どんな場所がお気に入りなのか，コックリと船をこいで落ちることはないのか，ありとあらゆる想像力を働かせてもらう．筒に挿してあるユーカリも見てみよう，いろいろな葉の形をしたユーカリが挿してある，よく見ると枝の決まった部分の葉だけがかじ

ガイド泣かせのコアラ

られている．地面も見てみよう，糞が落ちている，干しぶどうのような糞だ．
1カ所に散らばっている数を数えれば，1回分の数もわかる．そんなことをし
ているうちに，コアラの耳がピクリと動き，「あー動いた！」．ふつうは動物
の耳が動いたくらいでは，何の感動もないだろう．それでもコアラの寝姿に
しばしつき合うと，それが大事なことになってくる．寝ていても，聞き耳を
たてているのだ．そして忍耐強くコアラのペースにつき合ってくれた人に
は，この少々退屈な体験からコアラが極めて消化しにくいユーカリという有
毒な植物を食べ，そうそう動き回ってエネルギーを消耗することができない
特殊な動物だということが実感してもらえる．コアラ独特の食性，消化，行
動の特徴が自然に伝わり，植物と動物の「共進化」などという少々込み入っ
た話も，いつの間にか理解できてしまう．しかしやはり寝姿から何かを感じと
ることはむずかしい．下手なガイドに飽きて途中で立ち去ってしまう人もいる．
　キーパーと動物のやりとりをガイドすることもある．ソデグロヅルという
ツルの集合ケージでは，キーパーがツアーの時間に餌をつけていることが多
い．キーパーは，ツルにつつかれないように神経を集中させながら，用心深
く何ヶ所かの餌場を移動する．キーパーが動くとツルも動く．「どのように

ソデグロヅルの給餌風景
ツルたちは，キーパーから離れるように動く．

ツルが動くか見てみよう」と言えば，人々は自然にツルがキーパーを避け，遠くへ遠くへと動いていることが見てもらえる．餌をくれる人にはなつくと思っている人が多いから，これだけでも1つの発見だ．人々が，なぜ餌をくれるキーパーを避けるのだろう？と疑問を持ったとき，野生動物の飼育がペットの世話とは異なること，繁殖をさせるためには野生動物としての性質をできるだけ損なわないようにしなければならないこと，そんな説明が自然に理解してもらえる．しかしもっとよく見た人が，1羽だけほかのツルから離れ，妙にキーパーに近づいて盛んにつついているのに気づいたら，その1羽は人工孵化でキーパーによって育てられたこと，ツルの親に育てられたものとは，そんなふうに行動が違ってしまうことをお伝えできる．もちろんツルが餌を食べれば，餌をふりちぎるツル独特の採餌法もわかるし，魚は必ず頭の方から飲み込むということもわかる．このようなガイドは，キーパーと連携して初めて成り立つ．人々が直接キーパーに疑問をぶつけてもよいのだが，作業中のキーパーは動物に神経を集中させ，人々に即答できないこともあるから，動物解説員が代弁したくなる．

　大人の方の中には，詳しい情報を求めてくることもある．とくに希少種については，野生での状況や動物園での扱いについて聞かれることも多い．動物たちの姿を見ながら遠い彼らの故郷を想像したり，環境問題に考えをめぐらせたりすることができるのも，大人ならではの見方だろうと思う．

4. 大人向けのさまざまな催し

　動物園との関わり方や興味の持ち方は，人それぞれである．一人静かに動物を眺めていたい方には，催しなどあまり関心が湧かないかもしれない．しかし楽しみ方をもっと極めたい，動物そのものをもっと深く理解したい，なぜ世の中に動物園なるものがあるのか知りたい，動物がどのように飼育されているのか知りたい，野生での生態や研究者の話を聞きたい，もしもそんなふうに思うことがあったら，大人向けの催しに出ることをお勧めしたい．

　子ども向けの催し，年令制限のない催しが多いのに比べて，対象が大人だ

けに限定された催しはあまり多くはない．しかし大人に限定された催しは，大人に合わせた趣向や深め方を考えて企画されている．催しの内容は，動物の見方を伝授する，キーパーの話を聞く，飼育体験をする，動物園の裏側を見る，専門家から野生動物の最新の研究をわかりやすく説明してもらうなど，動物園によってさまざまである．あなたは，どんな催しに惹かれるだろうか．

「楽しみ方のポイント」をごいっしょに
―大人のための動物園―

　都立動物園で動物解説員が行なっている定員15〜20人のこじんまりした企画である．一人で動物園に来るのをためらっていた方も，少人数で一日過せば，ほかの参加者と自然に会話を交わしてしまう．もう少し楽しみ方を深めたいと思っていた方は，同じ大人同士，気兼ねなく好奇心を発散させ，自分の興味をふくらませることができる．連れ合いや友人に誘われて何となく来てしまった方も，自然に参加できる．

　1日かけてのガイドツアー　「動物園の歩き方」「多摩動物公園を味わう」のような大まかなテーマを決め，ある程度のプランは立てるが，参加者の気の向くまま，朝から夕方まで丸一日，その日の見どころを含め，ゆったりしたペースで動物を見て味わう企画である．動物のふしぎさに気づくちょっとしたポイントをお伝えし，いっしょに動物を見て味わい，ミニ知識あり，ミニ裏情報あり，道すがらの質問回答あり，何でもありの動物園散策である．10年前に始めたときは，こんな企画が成り立つのかと疑問の声もあったが，カッチリとした内容ではなく少人数で気楽に過ごすことが功を奏したのか，今でもまだ参加を希望してくださる人は多い．「変わる動物園」というテーマでは，動物園の歴史を知り，今ある動物園を見て回り，未来の動物園を想像する．動物園に来たことがない人は，ほとんどいない．でも動物園とはどんな施設なのか，改めて聞かれるとよくわからない．とりあえず自分の目で見ながらちょっと探索してみよう，というのりである．野生動物を大真面目に大都会の柵の中で飼い，そして人々に見せている．なぜそのようなふしぎな施設があるのか．いつもとは違った視点で見ているうちに，ほかにも「な

大人のための動物園

ゾウの動きを，ひたすら追い続ける

動物園散策のあとは，さまざまな質問や感想が出る

ゾウ舎の中で，鋼鉄の格子がへこんだ牙の跡を見上げる

ぜ」が噴出してくる．考え始めると，けっこう奥深い問題であることも見え
てくる．どのような動物園になってほしいのか希望が話題にのぼる頃，たい
てい散会の時間となる．

　見方を深める動物観察会　この企画は「あれもこれも」ではなく，カッチ
リとテーマを決めて動物を観察する企画である．「ゾウの世界」と言えば，丸
一日ゾウを見る．「鳥の魅力」と言えば，丸一日鳥を見る．自分の目で観察
し，キーパーの話を聞き，ゾウとはどんな動物なのか，鳥にはどんなふしぎ
な力があるのか，ひたすら掘り下げる．自分の好きな動物をちょっとだけ深
めたい，という方には，人気の企画である．観察方法をお伝えすると，動物
の前で30分や1時間はすぐにたってしまう．15人全員が記録用紙を持って
オランウータンを観察したときは，オランウータンの方も腰を据えて人の観
察をし始めた．どちらがどちらを観察しているのやら，記録も進まず，誰と
もなく笑ってしまった．いつしか動物たちに流れる時間とお気に入りの個体
になじみ，ちょっとした体の特徴や小さな動きも，目に止まるようになって
くる．特別な理由がなくても，動物をじっくり深めることはすばらしい．ふ
しぎに満足感を覚えることだろう．

もっと広く，もっと深く
―野生動物シンポジウム―

　動物園では，野生動物の研究者を招いたシンポジウムや講演会も行なわれている．とりあげるテーマは，動物園での研究，野生生息地での生態，野生動物の保全活動など，多岐にわたっている．

　たとえば2006年10月に行なわれたゾウのシンポジウム，ゾウオロジー・フォーラム2006の様子を紹介しよう．このシンポジウムには，一般の大人の方が100人以上参加した．私自身もその聴衆の一人である．内容はパネルディスカッション形式で，大学の研究者と動物園のキーパーが発表を行ない，参加者が自由に質問できるようになっていた．研究者からは，ゾウが鏡に映った自分自身を認識する能力や数を数える能力を持っていることを示す実験結果，スリランカの野生アジアゾウが利用する環境や食物，人との関わりなどについての調査結果が発表された．話はわかりやすく，ゾウと直接接している人の言葉には独特なリアリティーが感じられた．またよく知られている動物だけに，実はゾウについてまだ解明されていないことがたくさんあ

ゾウオロジー・フォーラム2006の一コマ
（多摩動物公園提供）

る，ということに新鮮な感動を覚えた人も多いのではないだろうか．最後に
研究の場を提供している動物園のキーパーから，ゾウを健康に飼育し繁殖さ
せていくためには，ゾウのことをもっと研究しなければならないこと，その
ためには動物園以外の研究機関と連携していかなければならないことを説明
する発表があった．野生動物の研究には，飼育下でなければ進められないこ
ともたくさんある．そして大学などの研究機関では飼えない動物が，動物園
にはたくさんいる．野生動物のふしぎさを解明したり保全を考えたりする上
で，動物園と研究機関の連携がとても意義深いという主張は，一般の参加者
にも十分伝わったのではないだろうか．

　ゾウに限らず，動物を見て感じるその魅力は，人それぞれである．ある人
がその動物の魅力やふしぎさを語っても，それはあなたの思い込みよ，と言
われてしまえば，会話はそれで終わってしまう．そんなとき，自分が抱いて
いた動物のイメージが研究者やキーパーの話によってさらに広がり，同じ興
味を持つ人と語り合える場があるならば，野生動物への理解もさらに深まる
ことだろう．誰もが知っている「ありふれた動物」でも，実はまだわからな
いことだらけの未知の生き物であることを知れば，人間がいかに自然や生き
物を理解していないか，気づかずにはいられない．

都立動物園の大人対象の催し物（最近実施されたものの中から抜粋）

催しの種類	タイトル
観察会・講座	大人のための講座「上野動物園の歩き方」（上野動物園） 大人のための動物園（多摩動物公園）サイエンズーカフェ（多摩動物公園） 大人のための「ゆったりガイドツアー」（井の頭自然文化園） 大人のための「飼育係ミステリーツアー」（葛西水族園）
飼育体験	大人のための1日飼育体験（上野動物園） 1日飼育スタッフ体験（葛西水族園）
講演会 シンポジウム	下北のニホンザル公開特別記念講演（上野動物園） 野生生物保全シンポジウム（多摩動物公園） 講演「生物多様性と外来生物」（井の頭自然文化園）

催しに参加するときは…

　まず，自分に合った催しをさがそう．公立の動物園であれば，広報誌にお知らせや参加方法が掲載されることが多い．また各園で開設しているホームページを見れば，たいていの催しは載っている．日本動物園水族館協会のホームページ（http : //www.jazga.or.jp/）では，地図上から日本中の動物園，水族館のホームページに入れるようになっている．テーマや内容が自分の興味に沿ったものかどうかわからないときは，直接問い合わせることをお願いしたい．

マイペースで深めよう

　動物園を味わう切り口は，人それぞれである．動物園を散策しながら動物の生きざまや息吹を感じる，興味ある情報から動物への理解を深める，動物に詳しい人の話を聞く．そして味わいも理解も，実感と知識が交錯しながら深められていく．その道筋は，十人十色だろう．どこかでマンネリ感を覚えたり気分が醒めてしまったりしたら，いつもとは違った見方をしてみてほしい．きっとそれまでとは違ったことが見えてくるだろう．動物園は奥が深い．味わいも理解も道のりははるか先まで続いている．ゆったりとマイペースで，大人ならではの楽しみ方を満喫してほしい．

動物解説員の ガイドツアー
珍獣ターキンの反芻を見ながら，全員で咀嚼回数を数える．（藤田久彌氏撮影）

5. 動物園で写真を撮る

 ## 動物のすばらしさを伝える方法

　私は約三十数年間，映像で動物の姿を伝えてきた．それは，自分が動物の
すばらしさを発見してきた時間と同じ時間である．動物の前にいる時間が面
白くてしかたがなかった．と今になって再確認している．一枚一枚の写真を
作っているときには迷いや苦悩で押しつぶされそうになったこともあった．
しかし，できあがった写真が，動物のすばらしい一場面を伝えることができ
たときの喜びは，つらかったことを忘れさせるほどであった．

　動物園での楽しみは，じっくり，ゆっくり動物を見ることに尽きる．動物
をじっくり，ゆっくり見ることで動物のすばらしさや面白さがわかってく
る．そのために動物の前にいる時間の長さが動物の面白さを見つける尺度に
なる．これは経験則として間違いがない．

　動物園で動物写真を楽しく，うまく撮る方法も同じである．

　職業写真屋だから，時間の制限もあるし，被写体の動物が決められてしま
うこともある．しかし，その動物の何を表現するかは私に任された部分であ
る．今までにない新しいすばらしい部分を見せられたら成功だろう．そのた
めに，撮影に入る前にはいろいろなシチュエーションを考える．夕日の赤い
光の下で撮ってみたらどうだろうか，後ろ向きで顔だけこっちを向いている
のはどうだろうか，頭の中で，被写体をどんどん動かして光をどんどん変え
てみる．この時間をどれだけ遊べるかがこれからの撮影にあたってのパワー
になる．頭の中であれこれ考える時には少しのお酒も有効だ．写真屋には今
までにないものを見てもらいたい衝動がある．そのためには突拍子もないこ
とも考える必要もあるのだ．

ユキヒョウ

どんな写真を撮ればいいのか

園内で大きなレンズをつけたカメラを大きな太い三脚につけて重たそうに抱えて歩いている同じ人を何度も見ることがある．何を撮ったらよいか決めかねているのだろうと思う．テーマが決まっていないのかもしれない．これは困ったことだろう．あの動物をどのように表現しようとすることが決まってさえいれば，あとは時間との勝負なのだ．光の変化や動物の移動のパターンも時間をかければわかってくるもので，気に入ったシチュエーションの場所に来るまで待てばいい．

最初に作りたい写真をイメージするために，いろいろな写真をたくさん見てそのなかの自分の好きな気に入った写真を見つけることが最初の一歩だと思う．風景写真の中にあの動物を置いてみるとどうなるか．人物写真の好きなスタイルに人物の代わりに動物を置いてみるのも面白い試みになるだろう．もっとストレートに動物写真集を見るのが手っ取り早いかもしれない．そのなかのもっともかっこいいと思える写真を真似するのだ．うまく真似できたらその写真のテクニックは自分の物である．いろいろな写真を自分の物にすれば，次からは少しずつ自分なりの工夫を加えればいい．ちょっと，簡単に書いたが，真似することもとても大変なことだ．真似をする工夫をする楽しみもまたいいものである．

自分の大好きな動物にこのテクニックを使ってみるのが近道であろう．好きな動物をあのようにかっこよく写真に収めたい．このきっかけがやる気を倍増させるだろう．そして，旨くいったときの感激は大きい．ぜひ，大好きな動物をお持ちになって，そのすばらしい写真をたくさん見てほしい．真似してみたい写真を見つけてほしい．次は，自分なりの工夫をしてこんな写真も作ってみたいということになるはずだ．どんな写真を作るかを考えるのが大きな楽しみになるだろう．

ショウガラゴ

大アップを撮ってみよう

　写真の醍醐味は，目では見えなかった部分もしっかり見せてくれるということである．とくに大アップでは細部をしっかり見ることができる．目でたえず動いている動物の細部を見ることは不可能だろう．しかし，アップ写真では，目の虹彩の色や線まで見ることができる．睫毛の数や長さ向き，歯の大きさや形，舌の質感など，そして，何よりも迫力ある写真ができあがる．動物園のような人工的なものが背景にある所では，アップにすることによって背景はピントの範囲を超えて単純な色の背景になる．そのために，動物が浮き上がって見えてくる．テーマの動物が写真の中で飛び出してくる．しかし，この大アップ写真を撮影するときの重要なことは，ピントがしっかり合っているということだ．少しでもはっきり見えない所があったら失敗である．その最大の問題はブレだ．カメラをしっかりした重い大型の三脚に固定する必要がある．そして，早いシャッタースピードを使う．絞りは明るくセット．そうすると動物の前や後ろにある邪魔なものにピントが合わなくなるのである．このことを使って，檻の中にいる動物を撮るときにはほとんど檻や金網にレンズをくっつけるように近づけてセットすると，手前の檻や金網が消えてしまうのだ．シャッターチャンスも重要である．振り向いた瞬間などはブレのもととなる．時間をかけて見ていると，動きが止まる瞬間がわかってくる．歌舞伎の見栄を切る瞬間のようなものだ．その一瞬止まる瞬間を狙う．そして，ピントである．初めて被写体の動物を狙う頃は，ファインダーを覗いて見てもピントが合っているかどうかわからないものだ．しかし，時間をたっぷりかけてファインダーを覗く回数を重ねると，毛の一本一本が見えてくる．被写体を狙ってる時間の長さが，撮影者の目を慣れさせるのだ．その緊張の時間の長さを持たせる良い方法がある．それは，今この動物は何を考えているのだろうと想像することだ．その想像がその動物の心理と重なってくれば，次にどのような動きになるかが大体わかってくる．そうなれば，あわててシャッターを切って起こるブレやピントの無さは少なくなる．あわててシャッターを切ることが，使えない写真を作る大きな要因である．

ライオン

ボルネオオランウータン

そのためにも被写体の次の行動が予想できることの重要性が増す．また違った意味で，この被写体の行動や心理を想像することが楽しい．撮影に時間をかければかけるほど動物の次の行動がわかってくる．飼育担当者も知らないその個体の行動を見ることができて担当者に「こんなことがあったのだよ」と誇らしく教えることもたびたびあった．もうそうなれば，その被写体の生態学者になっている．

　良い写真家はすばらしい生態学者でもあるのだ．

(52)

親子を狙ってみよう

　動物写真の中でも親子の写真はすばらしいテーマになる．餌をねだる子ども，子どもをなめたりグルーミングして，かいがいしく世話をする親．親と子が見せてくれる数々の行動は，見ている人も自分が動物的な部分で経験した親子関係をそのまま思い出し，動物の親子の行動も容易に想像が可能である．今，目の前で見られる行動の意味がストレートにわかり理解できる．幸いなことに動物園では，いつもどこかで動物の赤ちゃんや鳥のヒナが産まれている．赤ちゃんやヒナ誕生ニュースは，新聞やネット検索，動物園のホームページ（tokyo‑zoo.netなど）で調べることができる．園内を歩いていると動物舎の前に“何月何日に赤ちゃんが生まれました”の看板が出ている所もある．このテーマをじっくり狙ってみよう．

　親子写真は，ある意味ではむずかしさの少ない撮影の部類に入るのではないかと考えている．テーマになる被写体の行動がわかりやすく，行動の意味が理解しやすいからだ．自分が子どもだったときの親との関係の記憶や，自分が子どもを持ったときの記憶が同じ生き物として共感できるからだ．親子の動物がいる動物舎の前に立ち子どもの動きを追う．哺乳や給餌の時間はまちまちだが，必ず親子が近づき哺乳や給餌をする．そのときがシャッターチャンスだ．哺乳類の子どもは良く眠っているが，お腹が空けば動き出す．その動きに合わせるように親の動きが変わってくる．落ち着きがなくなり辺りを動き回る．哺乳をしたいのだけれども周囲を気にしているのだ．しばらくして安全が確認されれば，子どものそばに行って授乳するだろう．一日粘っていれば必ず見られるシーンだ．ヒナを羽の下に隠している親鳥も，必ず給餌の時間にはヒナに給餌するシーンが見られる．給餌シーンの前には，必ず親鳥は羽を動かしてヒナの位置を確認する行動が見られる．いくつかの給餌や哺乳の前兆がわかれば，あわてることもなくカメラを構えればいいのである．事前に露出やシャッタースピードを決めておかなければならないことだが，行動の予兆がわかるということは，あわてなくてすむということだ．あわてて失敗をしないことにも通じることなのである．

ヨーロッパフラミンゴ

ワタボウシタマリン

ゴールデンターキン

天候を味方につけよう

撮影に適した日光がある時間は，夏場は動物園に入園できる時間帯だが，冬場は開園時間から午後の2時くらいまでだろう．この時間帯は動物の毛並みや羽の色を正確に表現できる時間である．そして，晴天よりも高く雲のある明るいコントラストの強くない天候の方がより，繊細な毛や羽を表現するのには適している．テーマの動物舎の前に立ったら，時間の変化でどのように太陽が動いて，光がどのように変ってゆくかを確認しよう．時間帯によっては太陽を背にした順光の写真が撮れる時間や，太陽に向かってカメラを構える逆光の写真になることもあるからだ．動物写真は当然だが，光の違いで大きく雰囲気が変わる．光は写真づくりの大きなファクターになる．まず

すっきりとした天気の順光の写真を撮って見よう．毛や羽の再現性はどうだろうか．次は同じ被写体を逆光で撮って見よう．前の写真と比べてほしい．狙った被写体には，どの光が有効だろうか．同じ被写体で曇りのときや雨のときも撮ってみると，光の違いによる写った動物のイメージが大きく変わることがわかると思う．今狙ってるその動物の作りたいイメージを表すために，天候も重要な要素になるのだ．

ヤクシカ

ある冬の日，大雪が降って動物園が午後２時に閉園するという天候のときがあった．当然入園者も少なく，十数人だったとのことだ．その入園者のすべてが，驚くことにカメラを持っていたという話が伝わっている．そう，日常的ではない天候のときには，いつもと違う写真を手にすることができるのだ．とくに雪は手前の邪魔なものや背景を消してくれ，被写体の動物だけが浮かびあがってくる．普段，動物園での撮影での大きな悩みは，人工物の中に動物がいるというこ

スズメ

とだ．人工物の直線的な線は強く印象づけられ画面構成を大きく妨げ，被写体をかすませてしまう．動物園で動物写真を撮ろうと考えたときには，最初に背景にある人工物をどのように処理するかを考えるほどだ．それが雪道で足を取られて大汗をかき，いつもより重く感じるカメラバックが恨めしくもなるが，そんなことはすぐに忘れるほどの素晴らしいシーンが連続的に現れる．いつもの天候では決して撮れない，情緒たっぷりな写真が作れる．天気が良いときだけが撮影チャンスではない．天候の違いによって作られた写真の雰囲気の違いを自分のものにできれば，楽しんで作れる写真の範囲が大きく膨らむことだろう．

季節の移ろいを撮ってみよう

　ラクダを撮影することになった．冬の最後のシーズンである．ヒトコブラ
クダのふさふさした冬毛がきれいな時期である．短い毛の夏場の毛並みの姿
と見た目でふた周りほど大きさが違う．こぶのてっぺんにも長い毛がのびて
いる．ヒトコブラクダを撮影するのなら冬場の冬毛ということになったの
だ．企画が決まって動物舎の前に行くと背景の木々がすべて葉を落としてい
た．冬場だから当たり前だが，その写真の掲載時期が春の終わりごろになる
ので，あまりに寒々しい冬の風景の中では寂しすぎるし，新緑のすがすがし
い葉の色も背景に取り入れたいと考えた．撮影時期をすこし遅くすることに
した．しばらくして再度訪ねたヒトコブラクダ舎は薄い緑が出始めていた．
もうすこし緑が出た方が良い感じになるだろうが撮影を始めることにした．
朝，寝小屋にいるヒトコブラクダを見ながら撮影の打ち合わせしたときのこ
とだ．背中一面に寝小屋に敷いてあった木屑がついていたので，飼育担当者
にお願いして木屑を取ってもらった．すると大きなブラシで木屑は取れてど
んどんきれいになるのだが，そのブラシに茶色のラクダの毛もたくさんつい
ていたのだ．緑を待っている間に冬の長い毛が抜け変わる毛変わりの季節に
入ってしまったのだ．ブラッシングはそこそこにして早速撮影開始．何度か
通ってヒトコブラクダの写真は表紙を飾ることができたが，冬毛が抜けるの
と緑が鮮やかになるのとの競争が，そこにはあったのである．

　季節によって動物の様子は違う．角が落ちるシカの仲間は，とくに違いが
大きいものである．角のあるときとないときでは，まるで違う動物のように
なってしまう．エゾシカもそうであるしシフゾウもそうだ．角の落ちたシカ
の仲間は，しばらくすると小さな角が生え始める．その角は柔らかなベル
ベットのような皮に包まれていて袋角と呼ばれている．袋角が大きくなって
落ちた角と同じくらいの大きさになると皮がむけ，血だらけの硬い角が現れ
る．大きな袋角の滑らかな光沢のある時期は短く，撮影できる期間はおのず
と決まってしまう．逆光で撮影すると柔らかな袋角の短い毛が白く角の周辺
を縁取りとても素敵な写真になる．しかし，時期をはずしてしまうと血だら

エゾシカ

けの角の写真になってしまうのだ．角の落ちる時期は個体によって違いがある．情報を収集するならば飼育担当者に聞くのが一番だ．『今年は何月何日ごろに片方の角が落ちて数日後に残りの方が落ちるよ』，と教えてくれるだろう．飼育担当者はその担当動物の情報の宝庫だ．その動物の前でバケツを持って長靴をはいている人が大概そうなので，聞いてみよう．最初はとっつきづらい感じが絶対するかもしれないが，飼育担当者は自分の担当の動物の話をしたくてしょうがない人種なのだ．親切にかどうかわからないけれどしっかり教えてくれるはずだ．

 ## 求愛行動を撮ってみよう

不忍池を囲む上野の台地の輪郭が朝日によって見えてきた．池の奥の水面が赤く染まってきて，カワウが水面を両足で同時に蹴って飛び出し始めた．東京湾に餌を採りに出かけるのだ．大方のカワウが飛び立った池に「ピィッ，ピィッ」という鳴き声が聞こえる．一羽のオナガガモのメスの周りで数羽のオスが求愛行動（コートシップディスプレー）をしている．オスがかわるが

オナガガモ

わるに一羽のメスに同じ行動をする．行動の順番も同じ，鳴き声も仕草も最後の水滴をメスに向かって飛ばす行動も同じだ．一度気がつけば，池のそこかしこでその行動が見られる．望遠レンズは必要だが，目が慣れればカメラに収めるのは簡単だろう．行動の出てくる順番が同じだからタイミングも取りやすいはずだ．オナガガモの求愛行動がわかったら，種の違うカモの仲間の求愛行動もわかってくる．

　多摩動物公園でホオジロガモの撮影にチャレンジした．トキの仲間がたくさん入っているケージのなかにホオジロガモがいる．季節はホオジロガモの求愛行動の真っ盛り．「ピュッ，ピュッ」の鳴き声が盛んに聞こえる．胸を張り首を後ろに引き「ピュッ」である．そのとき，体の半分は水面の下に入ってしまう．撮影するシーンは決まった．水面に半分沈んで胸を張り首を後ろに引いて鳴いているために口を開いているシーンだ．背景は小さな池の周りの石．三脚を抱えてケージに入れてもらったのだが，上から振り下ろしのアングルになり，迫力がぜんぜんない．そこで，寒さ対策のために履いているオーバーパンツとダウンのジャンバーが汚れるだろうけれども地面に腹ばい

ホオジロガモ

になって一番小さな三脚を用意してローアングルで撮影した．動物の撮影で
はその被写体の目と同じ高さか，それより低いカメラ位置が迫力をよく伝え
る．ホオジロガモの撮影はうまくいって狙いどおりの写真ができた．しか
し，腹ばいになった地面は同居しているトキたちの糞ですごかったことを後
で気がついた．

動物と一体になれる道具「カメラ」

この動物をテーマにして撮りだしてから，もう5日目になるだろうか．望んでいたシーンはほとんど撮れている．しかし，生きている動物だからどんな行動を見せてくれるかわからない．今までにない行動や姿を写すことができるかもしれない．そんな気持ちで動物の前に陣取っている．

撮影の初日はどんな動きでも撮ってみる．記憶媒体がどんどん無くなってゆく．その日の撮影が終わって，撮影した全てのカットを見る．くたびれる作業だが狙っていたシーンが旨く納まっていると気分がいい．被写体を表現するのに必要なカットがだんだん絞れてゆく．撮影に通った回数を重ねるとシャッターを切る回数が減ってゆく．その動物のテーマが決まってきたからだ．

この動物（ダルマワシ）の撮影は今日が最後になるだろう．突飛な行動などほとんど無いはずだ．しかし，もう一カット違った面白い場面が撮れるかも知れないと粘っている．被写体はこの時間は光を正面から受けるあの場所にいて，しばらくすると光を斜めから浴びるその場所に行くはずだ．カメラは持っているがファインダーは覗いていない．静かだ．この場面には被写体の動物と私しかいない．鳥の声が聞こえ，風の音が聞こえる．動物が出す微かな音も聞こえる．もう動物も私を意識しなくなっている．のんびりした時間が流れる．この瞬間が実に良いのである．ぎしぎしとした緊張の中でシャッターを切っているときの高揚感とはかけ離れているが，動物と同じ空気を吸って同じ日光を浴びている快感．動物と同じレベルの生き物になれたと感じられる瞬間．木々の葉の変化や雲を見上げる気分にもなれる．のんびり，ゆったり時間が流れてゆく．普段忘れてしまっている地を這うか，弱い生き物としての人間を垣間見る瞬間の快楽なのである．

好きな動物の前で狙っているシーンが現れる瞬間を待っている．その行動のきっかけはわかっている．コウノトリのオスが餌を食べ終わって巣に帰って来る，そのすぐあとだ．見事なオス・メス同時にくちばしを打ち鳴らすクラッタリングの音が谷間に響き渡る．求愛の代表的な行動だ．この行動を

ダルマワシ

待っていたのだ．日に日に回数が増えている．交尾行動が近いのだろう．オ
ス・メスのクラッタリングが終わったあと交尾が行なわれる．コウノトリの
交尾行動を撮ろうと待っていたのである．クラッタリングがあれば身構えて
待つ．極めてわかりやすくすぐ気がつく目印だ．当然，オスとメスが離れた
所にいれば交尾行動はない．カメラマンのスイッチを切ってもいい状況だ．
三脚に望遠レンズをセットしたすぐ横で，雲を見上げ，木々の日々の成長を

見，昨日までなかった花を探し当て，風を感じながらコウノトリたちが何を考えているのかゆっくりした気分で思いめぐらしている．木の上の方でシジュウカラが枝を渡っている．手には手持ち無沙汰なので撮影用のメモ帳を持っている．

どうだろう？この風景をちょっと離れた所から見れば，プロフェショナルカメラマンが真摯に被写体に向かっている崇高な姿に見えないだろうか？そうなのだ．カメラもなし手帳もなし双眼鏡もなしでは，このおじさん何をしてるのだろうと訝しく思われることだろう．でもいいのですよ．訝しく思われても．絶対気分のいい瞬間なのだから．

格好をつけるために重い機材を運び上げ三脚に望遠レンズをセットしているわけではないが，カメラマンのスイッチを切った時の悠々とした瞬間はほんとうに気分がいいものだ．

動物園での撮影だけに面白さを見つけるのではなく，スイッチを切ったときの喜びを見つけられる撮影を目指してほしい．

現在，私は「子ども動物園」の「園長」に転身をしている．写真を通じて伝えてきたことと同じ動物のすばらしさを伝える仕事であるが，写真では作品を作って皆さんに見ていただくことまでが仕事であった．今の仕事は，動物を飼育して見ていただくことから始まって，その動物とのつき合い方やすばらしさを発見する方法の説明，うれしそうに動物と触れ合ってる子どもたちの表情から「子ども動物園」の今の有効性の検証など，動物から伝えられる全ての物がどのように伝わって，お客さんにどのように感じていただけているのかまでが仕事の範疇に入っている．写真を撮っているときに覚えた動物はすばらしいということ．そのすばらしさをどのように伝えればよいのかの方法論．三十数年やってきたことが今の仕事の原材料になっていることを日々考えながら，麦わら帽子をかぶってヤギの放し飼いになっている広場にいる．珍しい動物こそ「子ども動物園」にはいないけれど，ごく近くに動物がいる．皆さんの直接的な感覚である五感を使って動物とつき合ってほしい．一味違った「子ども動物園」でお待ちしています．ぜひ，撮影しにおいでください．

ジャイアントパンダ

‡‡

【コラム】盲目のカメラマン

:::

　多摩動物公園で「初心者のための写真教室」という催しがあって，柄にもなく「先生」をさせられたときのことだ．午前中はスライドを使っての講義，午後はキリンの放飼場周辺で撮影実習をしながら，個々の質問を受ける時間であった．午前中話しを聞いている人の中に白い杖を持ったご婦人がおられるのには気がついていたが，弱視の方だろうと勝手に決めていた．実習の時間にその方から質問を受けた．自分の使ってるカメラでは，この広いキリンの放飼場では動物が小さくしか写らないのではないか，という内容だ．会話を交わすうちに，その方は全盲であることがわかった．介護ボランティアから風景の説明を聞いてシャッターを切り，撮った結果については写真屋さんに言葉で言ってもらうとのことだ．

　質問に対する答えをどのように説明したらよいのか，言葉を失っていた．見えないものを撮影し，できあがった写真を自分の目で見ることができないというのは，私の想像をこえる事態だった．そのご婦人に，あなたのカメラでは残念だけれども動物は大きく写らないだろうから，撮影位置を変え，動物が近くに来たときにシャッター切るようにした方がいいと答えるのが精一杯だった．この方は盲人の写真コンテストになんども入選していることなど，じつに楽しげに写真の魅力を話してくれた．私は内心とても驚きながら，説明のつかない感動を覚え興奮していた．

　「どうぶつと動物園」2001年9月号撮影メモより抜粋

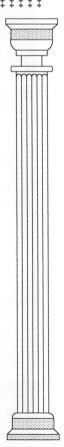

2

動物を飼育する

1. 日常の飼育管理

　東京の上野動物園には，飼育係としての基本的な心構えを説くものとして，次に掲げる「飼育職員心得10カ条」が伝わっている.

1. 動物は，いつも健康第一とし，やさしい心をもって飼育にあたろう.
2. 調理，給餌は飼育の基本，常に動物の身になって考えよう.
3. 餌づけをしたら，採食状態を必ず確認しよう. そこからその日の調子が分かる.
4. 脱出防止は，動物舎の点検，施錠と閉扉の確認から. 一度ならず二度確認しよう.
5. 自分の喜怒哀楽をそのまま動物にぶつけない. いつも平らな気持で担当動物に接しよう.
6. 病気の早期発見は，飼育のかなめ，日々の動物の変化に細かい注意を配ろう.
7. 動物舎はいつも清潔に，動物のすみやすい環境づくりを心がけよう.
8. ネームプレートは，動物舎の表札，いつもきれいに見やすくしておこう.
9. 飼育技術はお互いの交流から. ささいなことでも話し合って，技術の交流につとめよう.
10. 野生動物の飼育は未開の分野，常に新しいことを開拓する気持をもとう.

　元・上野動物園長の中川志郎氏は，この10カ条を「上野動物園の100年に近い歴史的な経験の中から導き出されたものであって，その言葉は平易であるが，その内容はそれだけの重みをもっている」（動物園学ことはじめ，1975年，玉川大学出版部）と評している．

　実際，この10カ条は現在においても十分に通用する内容を含んでいると思われるが，平易で簡潔な言葉で表現されているだけに，この言葉をどう読むか，解釈の余地が多く残されている．そこで各条文に含まれているキー・ワードに注釈を施す形で，日常の飼育管理の要点を述べることとする．ただし，第2条で「飼育の基本」とされている「調理，給餌」については，後に項を改めて少し詳しく述べることにしたい．

 ## やさしい心をもって，常に動物の身になって考える

　第1条の「やさしい心をもって」と，第2条の「常に動物の身になって考えよう」という表現は，これを「動物を人間並みに扱え」という意味と捉えるべきではない．動物の心理や習性を，擬人的に解釈するということは，小さな子どもたちに命の大切さを教えたりするときには有効であり，必要な場合もあるが，野生動物の飼育管理を行なうプロの飼育係としては，安易な擬人化は有害なこともある．

　「やさしい心」というのは「他者に対する思いやりの心」ということに通じるが，他者を思いやるとは，自分とは異なる他者の存在を認め，その違いを理解しようと努めることである．野生動物の種は，その動物の種が本来の生息環境に適応し，進化してきた結果として，現在の姿形と生活の方法を身につけるに至った．たとえば，チンパンジーの進化の過程と現在の生活様式（自然史）は，文明化以前の「ヒト」と似ているところも多いが，現在の「人間」とは全く異なっている．

　京都大学名誉教授であった（故）日高敏隆氏は，個々の動物の種の自然史を，その動物の「生き方の論理」と呼んだが，この言葉を借りれば，動物に対する「やさしい心」とは，それぞれの動物の種が，それぞれの「生き

方の論理」を持っているということを認識し，それを理解しようと努めることであり，第2条にいう「常に動物の身になって」というのは，そうした認識と理解に基づいて，その動物の「生き方の論理」で物事を考えようということなのである．

 ## 動物を注意深く観察する

　第1条の「いつも健康第一」というのは，いうまでもなく当然のことであり，これを保証するためには，第3条の「採食状態を必ず確認」，第6条の「病気の早期発見」が重要である．それは動物の身体と行動の様子を，つぶさに観察するということであり，この場合には，動物に「見られている」ということを意識させない，ということが重要となる．

　採食という行為は，注意力を食物に集中することになるので，一般に無防備な状態になる．食物に夢中になっているときに，外敵に襲われたり，あるいは他の動物に食物を奪われたりする可能性があるので，警戒心を解いても安全な状況であることが確認できなければ採食しない動物は多い．また，病気やけがなどで体が弱っているときには，それを外敵に気づかれると襲われる危険が増大するため，周囲から「見られている」と感じると，弱っている様子を見せないようにする傾向がある．そのため，動物の観察は一定の距離を置いたり，物陰に隠れたりして，彼らの警戒心を解き，リラックスした状態で行なうことが必要になる．

　そして，何か様子が変だな，ということに気づき，もっと近くに寄って身体に異常がないか等，より詳細に観察したいときには，逆にこちらの存在を動物に気づかせ，動物を安心させてから，静かに近寄っていく方がよい．動物の異常に気づいたときに，慌てたり焦ったりして急に動物に近づくと，動物はパニック状態に陥って逃げようとして動物舎の外柵に激突したり，逆に飼育係に襲いかかってきたりといった，不測の事故を引き起こすおそれがあるからだ．

　人間でも，物を食べているところを，じろじろと見られるのは嫌なものだし，遠くから他人が急に近づいてきたり，物陰からパッと出てきたりすれ

（ 70 ）

ばびっくりするので，そうした人間の感覚が他の動物にあてはまることも
あるわけだが，それは人間が「ヒト」という野生動物の一種であった時代
に身につけた共通点と言えるだろう．つまり，「ヒト」を含む哺乳類に共通
の属性というものもあり，それはそれで動物を飼育するうえで役に立つ．し
かし，だからこそ動物は人間とは違う，異なる論理で生きている存在だと
いうことを，努めて意識することが必要である．人間の感覚で，良かれと
思ってしてあげたことが，実は動物にとっては迷惑以外の何物でもない，と
いうことがあり得るからである．

 ## 動物のすみやすい環境づくり

　第7条にいう「動物舎はいつも清潔に」ということは，病気の予防には大
切なことだが，人間の感覚で清潔を心がける，単に衛生的に保つというだ
けでは，「動物のすみやすい環境づくり」は実現できない．ここでも，「常
に動物の身になって」考える，すなわち，その動物の「生き方の論理」で
物事を考えることが求められる．

　飼い犬のオスを散歩させていると，電柱等に尿をかける行動をとるのは，
よく知られている．これと同じように，尿や糞などの排泄物や，ある種の
分泌物により「臭いづけ」を行なう哺乳類は多い．たとえば，ワオキツネ
ザルのオスは手首に皮脂腺があり，この分泌物を木にこすりつけ，「臭いづ
け」を行なう．トラは縄張り内をパトロールし，樹木などに尿をかけて「臭
いづけ」を行なう．これらの行動
は，縄張り内へ同種の他個体が侵
入することを防ぐ威嚇や，同種の
異性への誇示などの意味があると
考えられている．

　動物園では，とくに新しい動物
舎に初めて入れられたときなど
に，動物舎の各所を盛んに嗅ぎ回
り，そこに「臭いづけ」を行なう

行動がよく見られる．そこに他の個体の臭いがない，すなわち，そこが他の個体の縄張りになっていないかを確認し，その場所を自分の縄張りとして主張するためである．これを人間の感覚で「汚い」，「臭い」と判断し，清掃時にそれを完全に洗い流してしまうと，動物は同じ場所に再び「臭いづけ」を行なうであろう．こうしたことを何度も繰り返していると，動物は身体的にも心理的にも疲弊してしまう．

　「いつも清潔に」というのは整理整頓され，塵一つない完璧な無菌状態に近づけよ，ということではない．「毒にも薬にもなる」という慣用句があるように，薬も適正な量を超えると有害だし，毒も微量ならば無害である．感染症などでも，病原体の数が少なければ，生体の免疫機能が働いて発病には至らない．最近では，ある程度「不潔」な環境の方が免疫機能を活性化し，感染症になりにくいともいわれている．要は動物がすみやすいよう，健康に害がない程度の清潔を保てばよいのであって，これを昔の飼育係は「掃除の極意は好い加減」と言った．なかなか含蓄のある言葉だと思う．

　　来園者を意識する　　

　第4条は，飼育係自身の身を守ることでもあるが，それ以上に動物が逃げ出して，来園者に危害を加えることは絶対にあってはならない，と戒めるためのものである．昔の飼育係は「動物を殺してしまうことがあってもしかたのない場合もあるが，絶対に逃がすようなことはあってはならない」と厳しく言い含められたものだ．

　また，第7条の「いつも清潔に」ということには，動物の立場からだけでなく，来園者の目から見たときの「清潔さ」にも配慮せよという意味が含まれていると考えた方がよいかもしれない．人間の感覚による「清潔」と，動物にとっての「すみやすさ」は一致しないとはいえ，来園者にとって，あまりにも不快，不潔に見えるようでは問題がある．動物，飼育係，来園者という立場の異なる三者の要請を，程よく調和させることが必要となる．

　第8条も，来園者の目を意識し，動物に関する正しい知識を伝えるように努めよ，ということである．現在ではそうでもないが，昔の「飼育のおじ

（ 72 ）

さん」は，無口でぶっきらぼうで，人前で話をするのが苦手，というのが
通り相場だったので，せめてネームプレートくらいはきれいにしておけよ，
ということだったのかもしれない．

 ## 平常心を保つ

　第5条に「喜怒哀楽をそのまま動物にぶつけない」とあるが，それは論外
のことである．科学的に説明することは困難だが，動物はそうした人間（飼
育係）の感情の起伏を敏感に察知することが経験的に知られており，隠そう
としても動物に気づかれてしまうことがある．その結果，動物が飼育係に
対して過度の警戒心を持ったり，恐怖心を抱いたりすると，思わぬ事故の
原因になり得るのである．

　また，腹が立ってイライラ，ムカムカしたり，意気消沈してションボリと
していたりといった心理状態では，人間はしばしば注意力が散漫になる．そ
んな状態で仕事をすると，第4条にいう「動物舎の点検，施錠と閉扉の確認」
がおろそかになり，動物の脱出事故を起こす恐れもある．

　1965年に刊行された「飼育ハンドブック」（林寿郎編著，審美社）には，
飼育係の心得として「朝，奥さんとけんかをして出勤してはいけません」と
いうことが書かれているのだが，これは第5条と同じことをユーモラスな表
現で言っているのであり，日常生活においても常に「いつも平らな気持」を
保つよう，心がけることが必要なのである．

 ## 職場の人間関係を円滑にする

　第9条では，技術の交流，向上もさることながら，「ささいなことでも話
し合って」というところが，むしろポイントではないかと思われる．飼育
係同士が日頃からよく話し合って，意思の疎通を図っておくことは，職場
の人間関係を良好に保つのに役立つ．それは他の職場にも当てはまること
だろうが，職場の人間関係が悪ければ，第5条にいう「平らな気持」を保つ
ことも難しくなり，思わぬ事故の原因にもなりかねない．

絶えず向上心を持つ

　第10条は，向上心を持って自己啓発に努めるということだが，ここで強調しておきたいのは，英語に対する苦手意識をなくすということである．野生動物の生態に関する調査研究は，博物学の長い伝統のある欧米において盛んであり，「動物園」も明治になってヨーロッパから「輸入」されたものである．そのため，野生動物の生態に関する調査研究報告も，動物園における飼育技術報告も，英語で出版されたものが圧倒的に多く，そのほとんどは日本語に翻訳されない．

　筆者が駆け出しの飼育係の頃，自分が担当している動物の生態を知るのに適当な本はないか，先輩職員に相談したところ，英語の分厚い本を1冊ポンと渡され，「え，英語ですか？」と思わずこぼしたら，「英文法の初歩と英和辞典の引き方は中学校で習ったでしょ？」とアッサリ言われてしまったことを思い出す．飼育係として「いい仕事」ができるようになるためには，英語は苦手なんて言ってはいけないのである．少なくとも，辞書を片手に苦労しながらでも，書かれていることが理解できる程度にはなっておかなければならない．

2. 動物園の台所

動物の給餌

　上野動物園の「飼育職員心得10ヵ条」のうちの第2条には「調理，給餌は飼育の基本，常に動物の身になって考えよう」と述べられている．どのような餌を，どのように加工して，どのように与えるかということは，動物を飼育する，その動物の生命を維持するうえでの基本である．そして，その際には「常に動物の身になって考えよう」というのである．「動物の身になって…」ということの意味はすでに述べた．ここでは，動物の餌の選定および調理と給餌について，少し詳しく述べてみたい．

何を与えたらよいか？

　動物に何を与えるかを決めるには，まず，その動物がもともと暮らしていた場所で，何を食べていたのかを知ることが必要である．そして，それと同じものを与えることができればよいが，たいていの場合，全く同じものを入手することは非常に困難である．したがって，その代わりとなるもの，すなわち代用食を与えることになる．

　代用食は，一般に市場に流通していて，年間を通じて，比較的安価に安定して入手できるものであることが基本的条件であり，そうしたものの中から，動物に必要な栄養価があるものを選ぶことになる．そのため，動物園で利用されている品目の多くは，人間の食料品または家畜やペットの飼料として流通しているものである．これらのほかに，現在では動物園で飼育される野生動物向けに，専用の人工配合飼料が開発，製造され，市販されているので，それを利用することも多い．たいていの動物園で年間を通じて常備されている主な品目を以下に紹介する．

植物性飼料

牧草　ウシやウマの仲間（偶蹄目，奇蹄目），ゾウなどの大型の草食動物の主食としては，家畜の牛馬の飼料用として栽培，流通している牧草を与える．牧草は生のまま（青草）と乾燥させたもの（乾草）があるが，青草が手に入る時期であっても，乾草と併用して与えるのが普通である．

樹木，タケ　ジャイアントパンダがタケ，コアラがユーカリの葉を食べることはよく知られている．これらの動物を飼育する場合には，大量のタケやユーカリを常備しなければならない．これ以外の草食性哺乳類でも，草ではなく樹木の葉や枝，樹皮を主食とするものがある．こうした動物たちには，シラカシやトウネズミモチなど，樹木の枝葉を与えている．

野菜　葉もの野菜として，もっともよく用いられるものに小松菜がある．小松菜は細かく刻んで，主にツルやキジなどの鳥類にも与えるほか，草食または植物質を主とする雑食性の哺乳類など，用途は広い．このほかにはキャ

ベツもよく用いられる．根菜類では，サツマイモとニンジンが重要な飼料であり，その用途も広い．これらは動物の種類によって，生のまま与えたり，蒸して与えたりする．

果実類　季節を問わず常備されるものとして，リンゴ・オレンジ・バナナがある．サル類や小鳥類には果実を食べるものが多く，これらをメインに季節に応じて，ブドウ，イチゴ，カキなどを与えることもある．

種子・雑穀類　ペットとして飼育される小鳥類や伝書鳩の餌として，さまざまな種子や雑穀が配合されたものが市販されており，これらは多くの鳥類やリスなどのげっ歯類の餌として幅広く利用されている．炭水化物を多く含むものとして，ヒエ，アワ，キビ，トウモロコシなど，脂肪分を多く含むものとしては，エゴマ，カナリーシード，麻の実，ヒマワリの実などがあり，このほかにクルミやドングリ，落花生などがある．

パン　たいていの草食，雑食性哺乳類は食パンを与えると好んで食べる．こればかりを大量に与えるということはないが，ゾウからネズミまで，さまざまな動物が食べてくれる使い勝手のよい品目である．

動物性飼料

卵肉類　トラやライオンなど，大型の肉食動物の主食として用いられるのは馬肉と鶏頭である．豚肉や牛肉は価格も高いし，動物に与えるには脂肪分が多過ぎるからである．鶏頭はカルシウムを補給する意味がある．鶏卵は哺乳類から鳥類まで多種多様な動物が食べてくれるたんぱく源として重要であり，たいていは茹でて与える．

魚介類　アシカやアザラシ，ペンギンを飼育している動物園では，アジは必需品である．たいていは冷凍品を解凍して与える．どのような魚を用いるかは地方色もあり，北海道ではホッケ，九州ではキビナゴというように，その地方で主に水揚げされ，比較的安価に安定して入手できるものを選んでいる．

　このほかに，カワセミのように小さな魚を食べる鳥のためには，活きているドジョウや，俗にクチボソと呼ばれている淡水魚を用意するほか，冷凍

のワカサギなどが用いられる．魚以外に，トキやカモメなど，小型の水生
動物を食べる鳥類の餌としては茹でたオキアミを冷凍したものが使用され

る．

小動物・昆虫　ヘビやトカゲなど
の爬虫類や小型の肉食性鳥類・哺
乳類には，実験動物として商業的
に繁殖されているネズミ（マウ
ス，ラット）やウサギ，卵を取る
目的での養鶏では不要になるオス
のヒヨコなど，生きている小動物
を与える．また，昆虫としては，チャイロノコメノゴミムシダマシという
甲虫の幼虫（ミールワーム）やフタホシコオロギというコオロギの一種がカ
エルなどの両生類，トカゲなどの爬虫類，昆虫を主に食べている鳥類や哺
乳類の餌として商業的に繁殖され，販売されている．

配合飼料

　キジ類の餌として穀類や魚粉を主成分とする養鶏用配合飼料，小型肉食動
物にはペットのイヌやネコ用に流通しているペットフードなどのほか，現
在では動物園で飼育される動物専用に，カモ用，ツル用，キジ用，サル用，
クマ用，草食動物用など，さまざまな固形飼料（ペレット）が市販されてい
る．これらは栄養のバランスがとれていて，保存も利くので，多くの動物
園で使用されている．

動物の餌付け

　動物園で与える餌が，その動物に本来の食物と比べて栄養学的に遜色がな
いものであっても，動物がそれを食べてくれなければ話にならない．動物
園で与える餌は，先にも述べたように，あくまでも代用食なので，それが
食べられる物であることを認識させ，自発的に食べるように徐々に慣らし
ていくことが必要になる．そのプロセスを「餌付け」といい，与えた餌を

食べるようになることを「餌付く」という．たいていの場合には，新しい環境に慣れ，空腹になってくると自発的に食べるようになるのだが，昆虫やカエルなどの小動物，魚を食べている動物は餌付くまでに時間がかかることが多い．それはおそらく，彼らにとって「死体を食べる」という行為が想定外のものだからであろう．

　たとえば，ペンギンにとって「魚を食べる」という行為は，海で生きて泳いでいる魚を捕える，ということであって，陸上に転がっている魚の「死体」を拾って食べるという事態は，まずあり得ない．そのため，野生地で捕獲されたペンギンを初めて動物園で受け入れたときには，すぐには餌を食べるようにはならない．そこで餌付くまでの間は，毎日ペンギンを捕まえて嘴をこじ開け，強制的に魚を押し込む強制給餌を行なう．

　最初のうち，ペンギンは激しく抵抗するし，首を振って魚を吐き出してしまったりするが，だんだん抵抗が少なくなり，容易に嘴を開くようになり，そこに魚を軽く差し込んでやると自発的に飲み込むようになる．さらには人がしゃがんで，魚を手に持って差し出してやると，自発的に寄ってきて魚を食べるようになる．

　次には水の中に投入した魚を，ペンギンが自分で拾って食べるように仕向けるようにする．ペンギンの前に魚を差し出して，餌で釣るような形で水際まで誘導し，そこで水中に魚を投げ入れたり，プールに勢いよく注水している最中に魚を投入し，水流で魚が動くようにしてやったりすると，水中に飛び込んで魚を食べるようになるものが出てくる．群れの中で何個体かが餌付くと，どうやら，それを見て学習するようで，だんだんと餌付く個体が増え，最終的には魚を水中に投入するだけで済むようになる．

　このように野生地で捕獲された動物を初めて受け入れる場合には，餌付けに時間と手間がかかることが多いが，既に他の動物園などで飼育されていた動物の場合には，以前に飼育されていた場所で与えていたものと同じものを用意できれば，餌付けの必要はない．新しい環境に慣れて落ち着いてくれば，すぐに食べるようになるのが普通である．ただし，以前とは異なる餌を与える場合には，餌付けが必要となる．

餌の調理

　動物に与える餌は，鶏卵を茹でたり，サツマイモやニンジンを蒸して与えたりする場合などを除き，加熱調理することはほとんどない．動物の餌の調理は，基本的には「切る」ことである．餌を切る理由は，動物に食べやすい大きさ，形にするということと，与える量の調整である．1頭のハツカネズミに，ニンジンを1本丸ごとやるわけにはいかないので，ネズミが食べやすい大きさに切って，必要な量だけ与えるといった具合である．

　また，餌を切るときには，その動物の「食べ方」を考えてやることが必要である．たとえば，ワシやタカなどの猛禽類では，獲物を足でしっかりと押さえ，嘴で獲物を引き裂いて，一口で丸呑みにできる大きさの肉片をちぎり取って食べるという食べ方をする．馬肉などを与えるときに，中途半端な大きさだと，足でうまく肉塊を押さえることができず，適当な大きさの肉片をちぎり取ることができない．これはトラなどのネコ科の動物にも当てはまる．中途半端な大きさだと，前肢で押さえつけておいて小さく噛みちぎることができず，そのまま丸呑みにしようとして食道に詰まってしまうこともある．

給餌方法

　トラやライオンなどの大型肉食動物の場合，給餌は1日に1回，閉園後に室内で行なう．開園前に屋内の寝室から屋外の展示場（放飼場）に動物を出した後，室内の清掃を行ない，清掃後に室内の床に餌を置いておくという方法が基本的な給餌方法である．動物は夕方に室内に戻ったときに，そこに置いてある餌を食べることができる．

　これらの肉食動物は薄暮性といって，朝夕の薄暗い時間帯に活動して狩りを行なう．また，狩りに成功して獲物を捕えたときにしか，餌を食べることができず，狩りに失敗すると何日間も絶食することがあるので，1日に少量ずつ，何回にも分けて餌を与える必要はなく，夕方に1回，1日分の必要量をまとめて与えた方が，彼らの本来の生活様式に合っている．また，夕

方に室内に餌を与えるように習慣づけることで，動物を容易に寝室内に誘導することができるという，管理上の都合もある．

　草食動物の場合には，青草や乾草を床や地面に直接置くやり方と，「草架」という構造物に架けてやる方法とがある．キリンのように高い所にある樹葉を食べる種の場合には，頭と同じくらいの高さの位置に草架を設け，そこに青草や乾草をかけてやったり，樹木の枝を差してやったりする．

　給餌回数は1日に2回が基本形で，開園前に屋外放飼場の所定の位置に青草や乾草を置いておき，その後に動物を屋外に出す．そして，放飼場に出している間に室内の清掃を行ない，肉食動物の場合と同様に，清掃後に室内の所定の位置に餌を置いておくという方法である．群れで飼育している場合には，優位の個体が餌を独占してしまうことがあるので，餌を数カ所に分けておいたり，草架を数か所に分けて設置したり，時間差をつけて給餌したりするなどの工夫も必要である．

　鳥類は飛ぶために体を軽くしておく必要があるため，1日に何回も，少量ずつの餌を食べて，できるだけ早く消化吸収して排泄するという体のしくみを持っている．そのため，餌を切らさないようにする必要がある．種子や雑穀を食べる鳥の場合には，1日に1回，餌の容器に多めに入れておけばよいが，水分の多い餌は腐りやすいので，1回に与える量は短時間で食べきれる量にして，1日に何回かに分けて与える必要がある．

　哺乳類・鳥類を問わず，複数の品目を与える場合には，好き嫌いによる偏食にも気をつけなければならない．好きなものと嫌いなものを同時に与えると，好きなものだけ食べて，嫌いなものを残してしまうことがある．このような場合には，動物の好む餌は，日々のメニューには加えず，週に1回だけの「ごちそう」として少量を与えるとか，1日に1回だけ，他の餌とは別に「おやつ」として与えるとよい．

 ## 量を減らす工夫

　飼育する側には「とにかく飢えさせてはいけない」という心理が働くため，食べ残しが出る程度に与えるのが適当という考え方が常識とされてい

た．しかし，動物園で与える餌は，食べやすく調理されているため，食べ残しが出るくらいの量を与えると，とくに哺乳類の場合には太り過ぎてしまう．読者のみなさんも，寿司やおむすび，丼物やカレーライスなど，短時間に食べられる形の食べ物だと，おかずとご飯を別々に食べる普段の食事よりも，量を過ごしてしまうという経験をお持ちの方がいるだろう．これは食べる時間が短いと満腹中枢が作用するのが遅れるからである．

　そもそも，野生動物というのは，生命を維持するために食べることに大変な労力を注ぎ込んでいるものである．それが何の苦労もなく，食べやすい形に調理されたものが，毎日1回か2回，余るほどに提供されるのだから，食べ過ぎてしまうのは当然であろう．しかし，何の工夫もなく，餌の量を減らしてしまうと，動物は欲求不満になってしまう．これもダイエットを経験したことのある読者なら，実感として理解できるのではないか？

　この問題を解消するために，草食動物の場合には，柔らかくて繊維質の少ない，消化のよい草ではなくて，固くて繊維質に富み，消化の悪い草を与えるという方法がある．これなら，ゆっくりと時間をかけて，よく噛んで食べなければならないので，採食時間は長くなり，その間に満腹中枢が作用して，満足感が得られれば，栄養過多になることはない．人間がダイエットのときにコンニャクや寒天を利用するのと同じである．

　そのほかに，餌を容易には取り出すことのできない特殊な容器に入れて与えるとか，少量の餌を放飼場のあちこちに隠してやるという方法もある．これはサル類やクマのように，雑食で広い範囲を移動しながら，あちこちで

食べられるものを探すタイプの動物には向いている．彼らにとっては,「食物を探す」という行為を楽しむという本能が備わっているからである．

　現在の動物園では，見慣れない「代用食」を食物として認知させる「餌付け」よりも，むしろ食べ

過ぎによる肥満を防止することの方が重要な課題になっている.

3. 動物の健康管理

 ## 動物園動物の臨床

　イヌやネコを飼ったことのある方ならおわかりだろうが，私たちが時に体調を崩すように，動物も病気にかかる. 動物園で飼育している動物も例外ではない. 動物園の患者さんは，主に野生動物だ. 動物園動物の健康管理を行なう上で，イヌやネコといったペットと違った対処をする必要がある. 動物園動物は以下の4つの特徴を持っている.

　　①動物園動物は野生動物
　　②野生動物はうそつき
　　③痛みに対する感覚が私たち，人間とは異なる.
　　④保定が困難
　　⑤臨床例が少ない

①動物園動物は野生動物

　動物園では世界中の動物が飼育されている. 少し前までは現地で捕獲した動物を動物園で飼育するために輸入していたが，1980年に日本がワシントン条約（絶滅のおそれのある野生動植物の種の国際取引に関する条約）の締約国になり，今までどおり動物を現地から輸入することが困難になった. 一方，動物園は野生動物の消費者から，野生動物を守り育てる施設として生まれ変わる努力を続けている. その結果，現在では動物園で飼育される動物のほとんどが飼育施設生まれのものになっている. しかし，飼育繁殖個体といっても，野生動物の性格は変わらない. 人が長期間かけて飼い慣らしてきた家畜とは違う. 動物園動物といっても，野生動物の特質を念頭において対処しないと，適切な管理ができない. 動物園動物の扱いは野生動物に準じて行なう必要がある.

②野生動物はうそつき

　野生動物は食う食われるの環境の中で生きている．草食獣にとり肉食獣は自分の命を狙う避けなければならない相手だ．肉食獣だからといって安心はできない．小型のものは大型肉食獣の獲物としておそわれることもある．常に緊張が必要だ．同じ種類の肉食獣でも，なわばりを獲得したり，群のリーダーになるために闘争が起こる．このような状況では，自分は元気でベストコンディションにあると仲間や天敵にアピールすることが，自分が生き延びる手段となる．

　群で暮らすインパラを例としてみよう．インパラはアフリカのサバンナにすんでいる．まわりにはライオン，チーター，ヒョウ，ハイエナなどたくさんの肉食獣がいて，隙をみせれば餌食になってしまう．今日，足が痛いので足を引きずりながら群に遅れてついていったとしよう．この状況を肉食獣が見逃すはずはない．群についていくのがやっとということは，私は体調が悪く，十分に走ることができないので捕まえやすいですよと知らせていることになるからである．このため，少しくらい体調が悪くても，元気十分であるかのように振る舞うことになる．

　野生下では自分の命を救うこのような行動も，飼育下では仇になることがある．体調が悪くても元気そうに振る舞うため，ベテランの飼育係もだまされてしまうからだ．ジャイアントパンダが小腸にできた腫瘍で亡くなったときもそうであった．7月のある日，突然，呼吸が荒くなり鼻汁を垂らし，食欲がなくなった．前の日まではとくに異常は認められていない．いつもと同じように行動し，竹を食べ，変わったことはなかった．そこで動物園の獣医師は上部気道炎を疑い，そのための治療を行なった．その結果，翌日は呼吸も落ち着き食欲も戻ってきた．やれやれと思っていたところ，4日目にまた，初日と同じように状態が悪くなってしまった．これは単なる上

部気道炎ではないと判断し，近くの大学の動物病院の先生に往診を求めた．

　ほとんどの動物園には獣医師が常勤で雇われている．東京の場合，上野動物園や多摩動物公園には動物病院が併設され，それぞれ4名の獣医師が働いている．しかし，動物園にある動物病院の施設は大学に比べれば十分ではない．難しい症例に出会った場合，自分たちの勉強もかねて大学の先生に応援を求めている．パンダの場合もこれにあたる．パンダを特殊なケージに入れて大学の先生とともに腹部レントゲン検査を行なうことになった．検査では腹水が確認され，その腹水を注射器で吸引し，回収された腹水を検査に回す算段をしていたとき，突然，パンダが痙攣を起こした．救急処置を行なったが，残念ながら亡くなってしまった．病理解剖を行なったところ，小腸に 2.7 kg もある大きな腫瘍ができていた．その腫瘍は小腸から腹腔内にぶら下がった状態にあったが，大きくなりすぎて腫瘍と腸壁の接合部が破れ，小腸の内容物が腹腔に落ちていた．腹水は小腸の内容物による炎症の結果である．人が同じ病気になったらどうなるであろうか．お腹が痛くなるはずだ．食欲もなくなるであろう．体調が悪いのでお医者さんに行き，言葉で自分の状態を説明すると思う．しかし，パンダは痛みがあるようなしぐさを見せず，食欲も落ちなかった．腹水の量から考えると，消化物が腹腔内に落下するようになったのも最近のことではない．私の経験ではパンダに限らず，動物園の野生動物は元気そうに振る舞い，私たち人間を騙す．野生動物はうそつきである．日頃から鋭い観察力を養い，ちょっとした変化を見逃さないことが動物園の飼育係や獣医師に求められる．

③痛みに対する感覚が私たち，人間とは異なる

　動物はうそをつくと関連するが，動物の持つ痛みの感覚は人間とだいぶ異なるようである．ツルが足を骨折したときのことだ．治療のために捕まえようとすると，ツルは何をされるのかと思い，私たちから逃げようとした．足が折れているので人なら痛くてたまらないはずだが，ツルでは状況が違うようだ．片方の足は折れた分だけ短くなっており，皮膚の皮1枚でつながっているような状態だが，ツルは捕まるまいとして，骨折端を地面につけてバランスをとりながら，走ろうとした．人が足を折ったら，片足でケ

ンケンしながら移動するはずだ．あるいは痛みでその場から動けないかも
しれない．ツルに限らず，野生動物の痛みに対する感覚は人に比べるとと
ても鈍いと言ってよい．痛みを感じるが痛くて泣き叫ぶということはない．
足が痛ければ，患肢を浮かせて，体重をかけない．お腹が痛ければ，お腹
の方に顔を向けて気にする．動物は痛みに対して我慢強いか，あるいは痛
みに対する感覚がわれわれとは異なっているとしか考えることができない．

④保定が困難

　イヌやネコは診察のために訪れた動物病院の診察台でおとなしくしてい
る．しかし，動物園動物ではそうはいかない．保定という作業が必要にな
る．保定とは，動物に何らかの処置を行なうために動物の動きを制御する
ことだ．病気になった動物を治療するには，動物に触らなければならない．
動物は触られることに慣れていないから，当然，近づけば逃げようとする．
押さえられれば抵抗する．保定されることは動物にとり大きなストレスと
なる．しかし，動物が人に慣れていれば保定は容易だ．保定を行なうとき，
人と動物の双方にとって安全な方法を用いることが大切だ．

　保定の方法は動物により異なる．保定する人がいろいろな動物の保定に
慣れていると，保定がスムーズにいく．うまく保定できれば，動物への処
置も短時間にすむ．保定の仕方が悪いと動物が動いて処置が中断したり，適
切にできなかったりする．

　動物の保定法には，力で押さえつける物理的な方法と薬を使う化学的な方
法とがある．もっとも単純な物理的な方法は，素手で捕まえる方法だ．お
となしい動物なら動物の体を人が押さえるだけで，消毒薬を塗布したり注
射をすることができる．網で捕まえて保定する方法もある．ライオンやト
ラといった猛獣は，特殊なケージに入れて保定する．このケージはスクイ
ズケージと呼ばれ，ケージの片面が動くようになっている．動物がケージ
に入れられると片面を動かし，もう片方の面とともに動物を夾んで動物の
動きを制御する．スクイズケージには手動と電動とがあるが，動物の動き
に合わせて狭めるには，手動の方が使い勝手がよい．

　化学的保定は鎮静薬や麻酔薬を使う保定法である．薬の投与には経口，注

射，吸入といった方法を用いる．飲み薬を使う方法が経口投与だ．必要が
あるので薬を与えるが，与えられる本人は体調が悪いことを自覚している．
いつも与えられていないものを与えようとしても警戒して飲まないことは
しばしばだ．甘くしたり，好物の餌に混ぜたりして嗜好性を高めるが，う
まくいかないことも珍しくない．確実なのは注射で投与することだ．しか
し，注射しますから手を出してくださいと言って，おとなしく協力してく
れる相手ではない．近づくこともできないので，飛び道具を使う．麻酔銃
や吹き矢だ．

　麻酔銃は注射器を飛ばす装置である．注射器を飛ばす動力はガス圧か火
薬だ．日本ではガス圧で注射器を飛ばす麻酔銃が一般的に使われている．
有効射程距離は10〜20 m程度である．火薬式の有効射程距離は70mと言わ
れている．アフリカでヘリコプターからシマウマやゾウを麻酔するのに使
われる麻酔銃は火薬式である．吹き矢は長い筒に入れた注射器を息で吹い
て飛ばす装置で，有効射程距離は最大10 m程度である．麻酔銃は金属製，
吹き矢はプラスチック製の注射器を飛ばし，注射器が動物に当たると自動
的に薬液が筋肉内に注入されるしくみになっている．筋肉注射の遠隔操作
と言ってよいであろう．麻酔銃や吹き矢で注射器を飛ばす場合，動物の肩
や臀部といった筋肉の厚い部分を狙う．動物に当たったとき，吹き矢では
薬剤が筋肉内に注入される様子がわかるが，麻酔銃では1/1000秒という一
瞬で薬剤が注入されるため，吹き矢の方が筋肉に与えるダメージは少ない
ようである．

⑤臨床例が少ない

　動物園ではさまざまな動物が飼育されている．それぞれの動物は種毎に
進化し今日に到っているため，当然ながら種毎に生理生態も異なる．ライ
オンやチーターの病気はネコの病気に類似し，オオカミやキツネの病気は
イヌの病気に類似し，キジの病気はニワトリの病気に類似している．しか
し，まったく同じではない．動物園動物の治療を行なう場合，家畜化され
た動物が近縁であれば，その治療法を参考にしているが，すべての動物園
動物にこの方法が応用できるわけではない．人は医学的データがもっとも

蓄積された動物種である．イヌ，ネコ，ウシ，ブタといった家畜がそれに次ぐ．これらに比べればモグラ，コウモリ，ゾウ，サイ，キリンといった野生動物の臨床データはごくわずかしかない．そのため，症例の1つ1つが貴重なデータになる．日本動物園水族館協会が発行する季刊誌「動物園水族館雑誌」は，動物園動物の飼育管理や疾病に関する論文を掲載している．アメリカ動物園獣医師協会など外国の動物園獣医師協会や動物園協会も同様の雑誌を発行している．野生動物や動物園動物の病気をテーマにした単行本も発行されている．国際種情報システム（ISIS）と呼ばれるコンピューターによる動物園動物のデータバンクも構築されている．このように今までの知見をまとめる作業が行なわれており，少し前の時代に比べれば，動物園動物の病気について情報を得ることは容易になってきたが，イヌやネコのそれと肩を並べるレベルには至っていない．質量ともにこれからの集積が期待される．

 # 病気を予防する

　動物園動物の病気を予防するうえで，以下の6項目が重要な対策となる．
　　①遺伝的に健康な個体を飼育する
　　②新しくやってきた動物の検疫
　　③餌と栄養
　　④感染症の予防
　　⑤動物舎や運動場の整備
　　⑥動物に関わる人の健康管理

①遺伝的に健康な個体を飼育する

　動物園で飼育する動物は飼育繁殖で増えた個体が多い．もともと飼育されている野生動物の個体数は少ない．野生下では交配相手を選択することができるが，飼育下では交配相手が限られることが多い．どの個体も同じように繁殖するわけではない．ほかの個体に比べてよく繁殖する個体が現れる．雌に好かれる雄や，交尾すると子供をつくりやすい雌がでてくるのだ，動物園側もこのような個体を繁殖能力の優れた個体だと言って，繁殖

に努める結果，数世代経過するとある特定の血縁ばかり増えてしまうことになる．すると，血縁のある個体どうしで交配しなければならない状態となってしまう．

近親交配を繰り返すと，奇形がでたり，病気にかかりやすい性質が表に出てくるようになる．この現象を近交劣化という．トナカイが近親交配を繰り返した結果，近交劣化が現れ生まれた子が育たないことが続くようになった．個々の動物園だけで飼育繁殖させるには限界があるので，内外の動物園と協力して繁殖させる必要がある．新しく動物を導入する場合もその個体の血統をよく調べ，近親交配が行なわれていない個体を選択するようにする．

②新しくやってきた動物の検疫

新型肺炎 SARS や高病原性鳥インフルエンザの流行により，近年，野生動物も国による検疫が行なわれるようになってきたが，依然として多くの野生動物は，簡単な検査だけで入国が許可される．このため，それぞれの動物園が独自に基準を設けて自主検疫を行なっている所が多い．

動物園で行なう検疫の目的は2つある．第一は新着動物の感染症を発見し，動物園で飼育している動物に感染症が拡がることを防ぎ，入園者や動物園職員など人に「人と動物の共通感染症」が拡がることを防ぐことである．第二は新着動物を新しい飼育環境に慣らすことである．気候，餌，担当者など新着動物を取り囲む環境は一度に変化する．このため餌を食べなくなる動物もいる．検疫期間は1〜4週間ほどである．検疫中は必要に応じて細菌検査，寄生虫検査，血液検査，尿検査などを行なう．

③餌と栄養

近代動物園の歴史は1828年に開園したロンドン動物園に始まる．以来，動物園は野生動物の飼育に200年近い経験を持っている．しかし，飼育技術の基本となる野生動物の栄養学については，まだ発展途上にある．世界の動物園を見渡しても，野生動物専門の栄養専門家が勤務する動物園はわずかであり，残念ながら日本の動物園には見あたらない．

野生動物は，自分が暮らす環境で手に入る食物を，それぞれの方法で手に

入れている．野生動物を飼う場合，野生と同じ状況を提供できればよいが，動物園という人工環境下では不可能といえる．日本の市場で手に入れやすく動物の栄養要求量を満たし，嗜好性も高いものを与えることが原則である．代替え品を与えることはやむを得ないとしても，常に同じ栄養価のものを与えるのではなく，動物の生理状態に応じた内容に変える必要がある．繁殖期や成長期の動物にはタンパク質，ビタミン類，ミネラル類に配慮し，老齢期には消化しやすい食品に変える等，食べやすい形態に加工する．

　多種類の動物を飼育している動物園では，餌の種類も多岐にわたり在庫管理が問題となる．冷凍技術が発達して，長期間，魚を冷凍保存できるようになった．そのおかげで魚の寄生虫が冷凍中に死滅する副次的効果が生まれ，結果的にアザラシやアシカの健康管理に大きく寄与することになった．

　昭和40年代後半になると，動物園動物の餌の固形飼料化が進み，在庫管理と栄養管理が大きく進展した．固形飼料は乾燥しているため腐りにくく，ビタミンやミネラルを添加することでバランスよい栄養を与えることができる．動物園で使用している固形飼料はおなじみのドッグフードやキャットフードのほかに，フラミンゴ用，トキ用，水禽用など合わせて30種類近くになる．

　野生動物を飼育する場合，適切な餌を適切な方法で適切な量与えることが飼育の基本となる．十分に検討された餌を与えて栄養状態を良好に保つことが，動物を繁殖させ，疾病を予防し，寿命を全うさせることに繋がる．

i）どのくらいのエネルギーを与えるか

　一口に動物に適切な餌の量を与えると言っても，変温動物であるは虫類と恒温動物である鳥類やほ乳類とは大きく異なる．体重4 tのゾウは40 gのネズミより1万倍重いが，エネルギー消費は5,600倍で済んでいる．変温動物の代謝レベルは，環境温度や摂食，食物の有無，光，季節，動物のおかれてきた温度経過などによって大きく変わるため，正常安静時の代謝レベルとして正確な値を出すことはできない．は虫類の代謝率は，ほ乳類や鳥類に比べて，かなり低いレベルにあり，経験的に同じ大きさのほ乳類の10～20％と言われている．

ii) 野生で食べている餌ではなく代用食を与える

　動物に餌を与える場合，野生で食べていたものと同じものを与えることができれば問題ない．しかし，餌となるすべての種類が市場に流通しているわけではない．仮に流通していたとしても入手に要する費用は莫大なものになるに違いない．野生の餌に代えて，入手しやすいもので代用することになる．

　入手した餌は適切な方法で保存する．餌の形状により，保存可能な期間や栄養成分の安定性は異なる．一般に，長期間保存すると飼料が酸化し，ビタミン類の効力低下や嗜好性の低下がみられる．生肉や鮮魚を与えたまま，室温で長時間放置すれば腐敗しやすい．給餌用の器の重さも問題となる．軽過ぎると，動物がひっくり返し，餌が糞や尿で汚れてしまう．最悪の場合は，ひっくり返った器が餌を被い，動物は餌を食べることができなくなってしまう．植物食の動物に，果実を与えることが多いが，動物種によっては果実が害をなす場合もある．反芻動物やウマの仲間に果実を多く与えると，お腹の中で糖が発酵し腸にガスがたまる鼓腸を引き起こす．繊維質の多い植物を主食とするゴリラに果実を与えると好んで食べるが，肥満の原因となる．

iii) 与え方を考える

　同じ餌でも与え方により，病気の原因となる場合もある．たとえば，ハムスターの口に合わせて，一口で食べられるように細かく切って与えると，食べやすくて良いように思われる．しかし，ハムスターの切歯は一生伸び続けるため，丸のまま与えて囓らせた方が，歯の伸び過ぎをコントロールできる．肉食獣には肉片のついた骨を与え，齧歯類には囓ることのできる木片を与えるといった配慮で，歯と歯肉を刺激し，口の中を健康に保つことができる．

　複数個体飼育している場合は，

多めに与えることが原則である．1頭の必要量を頭数分かけ合わせた量では，弱い個体が十分食べることができない．採食時に採食状況を観察すること，少し余る程度に餌を与えることが必要となる．餌をつける場所も複数カ所とし優位な個体に餌を独占させないようにする．

④感染症の予防

　交通手段の発達に伴い国際間の人や物の移動が急増している．動物も例外ではなく，動物園水族館の国際化が急激に進行している．外国で感染症が発生した場合，遠い国の出来事で周囲を海で囲まれた日本に入ってくることはないと傍観できる状況にはない．BSEに感染したチーターが繁殖のためイギリスの動物園からフランスの動物園に移され，フランスで発症したことがある．希少動物の繁殖のために，動物が国際間の移動を行なうことは珍しくないが，移動に伴い感染症も伝播してしまう問題提起となった．感染症対策として日本動物園水族館協会は感染症対策委員会を立ち上げ，感染症情報の収集と加盟園館での共有化，防疫方針のガイドライン作成などを行なっている．最近ではカエルをはじめとする両生類のツボカビ感染症対策に危機感を持って取り組んでいる．

　狂犬病予防液や破傷風予防液など予防液（ワクチン）を投与すれば感染症に有効な対策となる．しかし，市販されている予防液は家畜や家禽用であり，野生動物用ではない．イヌ弱毒ジステンパー予防液を投与されたレッサーパンダが，ジステンパーに感染した例もあり，イヌに安全だからといって同じ食肉類の動物すべてに安全とは限らない．動物園動物に予防液を使用する場合，どのような予防液を使うべきか動物園獣医師の悩みである．日本では許可されていないが外国では遺伝子組み換えワクチンも開発されており，効能書によると抗体を作る作用はあるが動物への感染性はないという．日本で使用できるようになれば，動物園獣医師にとり朗報となる．

⑤動物舎や運動場の整備

　展示施設の環境を整え清潔に管理することも病気の予防に効果がある．設計時には，十分な換気，適切な温度・湿度，十分な照明，適切な紫外線量など展示動物が健康に暮らすことのできる環境になるように配慮してい

る．土と緑で被われた動物の生息環境に近づけた動物展示施設が近年の主流となっている．床面がコンクリートであれば，掃除は容易に行なえるが，土では掃除や消毒に困難が伴う．動物や観客にとり望ましい生息環境実現への要望と日常の飼育管理の容易さとのジレンマである．

　展示施設や動物舎の構造が，疾病や事故の直接の原因となることもある．何かの拍子に鳥が驚いて飛び上がり，天井に頭をぶつけることがある．脳しんとうを防ぐため，天井近くにネットを張り，飛び上がってもクッションとなるような工夫をとっている．観客と動物を隔てるフェンスの間隔が不適切であると，フェンスのすき間に足や頭を挟み，取れなくなることがある．その結果，骨折や角を折るといった事故に結びつきやすい．フェンスの間隔を決めるにも事故が起きない工夫が凝らされている．

　シマウマ，キリン，ダチョウといったアフリカのサバンナに住む動物を複数同居する展示は観客に人気がある．同居展示の欠点は特定の動物ばかり餌を食べてしまうとか，力関係から他の動物が餌のそばに近づくことができないといったことが起こることである．異種動物間の争いも考えられる．同種の動物においても群展示を行なえば，このような状況が発生しやすい．動物園では日頃から動物を観察して異常の発見に努め，弱い個体が逃げ込める隠れ場所の設置や餌箱の複数設置といった対策が行なわれている．

　野犬，野猫，イタチやキツネなど野生動物の侵入に対する防衛策も必要である．園内に侵入した野猫からチーターにネコ汎白血球減少症が感染した例，キタキツネからゴリラにエキノコッカスが感染した例など，侵入動物から展示動物に感染症が伝幡することは珍しくない．また，園内に侵入した野犬が動物舎に体当たりして金網を破り，展示動物を襲うとか，野生のオオタカが金網越しに，展示動物を襲って食べた例もある．園内に動物が容易に侵入できないように，柵を巡らすといった防衛策が採られている．

　ネズミやゴキブリなどの対策も展示動物の衛生管理上，大きな問題となっている．餌が豊富で冬でも暖かな動物園の環境はこれらの動物にとり天国といえる．ネズミやゴキブリの徘徊は展示効果上も芳しくないが，展示施設から完全に排除させることは困難である．現実には個体数をある程度以

下にコントロールすることに全力が注がれている．

⑥動物に関わる人の健康管理

　1882年（明治15年）に上野動物園が開園して以後，120年以上にわたる日本の動物園史上，職員や動物が「人と動物の共通感染症」に感染した例や，その結果来園者の安全が確認できるまで一時的に動物園が閉鎖された例はあるが，来園者が動物園動物から感染した例は皆無であった．しかし，2001年12月，日本動物園水族館協会に加盟していない鳥類専門の飼育展示施設で，従業員と来園者の双方にオウム病の集団感染が認められた．この事件は動物園水族館にとり，来園者の健康を守る公衆衛生上の管理がいかに大切か再確認させてくれた．

　動物の中でもとくに，霊長類に属する人はチンパンジーやゴリラなど他の霊長類と共通の病原体に感染することが知られている．多摩動物公園で人とチンパンジーの間をアクリルで隔てたところ，風邪にかかるチンパンジーが目に見えて減った．インフルエンザは類人猿も感染するが，インフルエンザが流行しているとき，飼育担当者は感染予防に格段の注意を払う．インフルエンザに感染していたら完全に治るまで出勤しないことが常識となっている．動物と職員との間で病気のキャッチボールを行なわないためである．

4. 動物園の危機管理

 “猛獣” が逃げたらどうする

　動物園にはゾウ，クマ，トラ，ライオン，ワシタカなどいろいろな“猛獣”（法律では特定動物という）が飼育されている．これらの動物は動物園によりいろいろな見せ方を工夫している．一方，国は特定動物が施設から逃げないように，あるいは観客が動物に近寄りすぎて危害を加えられないように飼育施設の構造および強度を確保するための基準を定めている．

特定飼養施設の構造及び規模に関する基準の細目

平成18年1月20日

環境省告示第 21号

（用語）

第1条　この告示において使用する用語は，動物の愛護及び管理に関する法律（昭和48年法律第105号．以下「法」という．）及び動物の愛護及び管理に関する法律施行規則において使用する用語の例によるほか，次の各号に掲げる用語の意義は，それぞれ当該各号に定めるところによる．

一　「おり型施設等」とは，おり型又は網室型の施設であって，次に掲げるすべての要件を満たすものをいう．

　イ　土地その他の不動産に固定されている等容易に移動することができないものであること．ただし，屋外から隔離することができる室内に常置する場合にあっては，この限りでない．

　ロ　特定動物の体力及び習性に応じた堅牢な構造であり，かつ，外部からの衝撃により容易に損壊しないものであること．

　ハ　おり型の施設にあってはおりの格子の間隔が，網室型の施設にあっては金網の目の大きさが，特定動物が通り抜けることのできないものであること．

　ニ　外部との出入口の戸は，二重以上となっていること．ただし，屋外から隔離することができる室内に常置する場合にあっては，この限りでない．

　ホ　外部との出入口の戸には，特定動物の体が触れない場所に施錠設備が設けられていること．

　ヘ　給排水設備を通じて特定動物が外部に逸走できないよう当該設備に逸走防止措置が講じられていること．

　ト　法第26条第1項の許可の申請者（以下単に「申請者」という．）が維持管理する権原を有していること．

二　「擁壁式施設等」とは，擁壁式，空堀式又は柵式の施設であって，次に掲げるすべての要件を満たすものをいう．

　イ　特定動物の体力及び習性に応じた堅牢な構造であり，かつ，外部からの衝撃により容易に損壊しないものであること．

　ロ　擁壁式又は空堀式の施設にあっては，特定動物の逸走を防止するため，その壁面は平滑であり，かつ，十分な高さを有すること．

　ハ　柵式の施設にあっては，特定動物の逸走を防止するため，返し，電気柵等の設

備を有し，かつ，十分な高さを有すること．

ニ　柵式の施設にあっては，柵の格子の間隔又は金網の目の大きさが，特定動物が通り抜けることのできないものであること．

ホ　電気柵を設ける場合にあっては，停電時に直ちに作動させることのできる発電機その他の設備が設けられていること．

ヘ　擁壁，空堀又は柵の内部及びその周辺には，特定動物の逸走を容易にする樹木，構造物等がないこと．

ト　外部との出入口の戸は，二重以上となっていること．ただし，屋外から隔離することができる室内に常置する場合にあっては，この限りでない．

チ　外部との出入口の戸には，特定動物の体が触れない場所に施錠設備が設けられていること．

リ　給排水設備を通じて特定動物が外部に逸走できないよう当該設備に逸走防止措置が講じられていること．

ヌ　申請者が維持管理する権原を有していること．

三　「移動用施設」とは，特定動物の運搬の用に供することができる施設であって，次に掲げるすべての要件を満たすものをいう．

イ　特定動物の体力及び習性に応じた堅牢な構造であり，かつ，外部からの衝撃により容易に損壊しないものであること．

ロ　特定動物の出し入れ，給餌等に用いる開口部は，ふた，戸等で常時閉じることができるものであること．

ハ　開口部のふた，戸等には，特定動物の体が触れない場所に施錠設備が設けられていること．ただし，施錠以外の方法で，特定動物が逸走できないよう開口部を封じることができる場合は，この限りでない．

ニ　空気孔又は給排水孔を設ける場合は，その孔が特定動物の逸走できない大きさ及び構造であること．

ホ　閉じることができる箱，袋等の二次囲いに収納して運搬可能であること．

四　「水槽型施設等」とは，水槽又はこれに類する施設であって，次に掲げるすべての要件を満たすものをいう．

イ　土地その他の不動産に固定されている等容易に移動することができないものであること．ただし，屋外から隔離することができる室内に常置する場合にあっては，この限りでない．

ロ　特定動物の体力及び習性に応じた堅牢な構造であり，かつ，外部からの衝撃により容易に損壊しないものであること．

ハ　特定動物の出し入れ，給餌等に用いる開口部は，ふた，戸等で常時閉じること
　　ができるものであること．

ニ　開口部のふた，戸等には，特定動物の体が触れない場所に施錠設備が設けられ
　　ていること．ただし，屋外から隔離することができる室内に常置する場合であ
　　って，施錠以外の方法で，特定動物が逸走できないよう開口部を封じることが
　　できる場合は，この限りでない．

ホ　空気孔又は給排水孔を設ける場合は，その孔が特定動物の逸走できない大きさ
　　及び構造であること．

ヘ　申請者が維持管理する権原を有していること．

（特定動物の種類ごとに定める特定飼養施設）

第2条　特定飼養施設は，次の各号に定める特定動物の種類ごとに次のとおりである
　　こと．

一　哺乳綱に属する動物　おり型施設等，擁壁式施設等又は移動用施設（前条第3号
　　ホに掲げる要件を満たさない施設を含む．）のいずれかであること．

二　鳥綱に属する動物　おり型施設等，擁壁式施設等（だちょう目に属する動物に限
　　る．）又は移動用施設のいずれかであること．

三　爬虫綱に属する動物　おり型施設等，擁壁式施設等，移動用施設又は水槽型施設
　　等のいずれかであること．

コビトカバ

　基準にあった施設を用意しても，それを運営するのは人である．ダブルキャッチシステムといって，動物のいる空間と観客との間には，ふつう扉が2カ所以上あり，仮に最初の扉が開けられても，次の扉で外に出られない安全策が取られている．しかし，2つの扉に鍵がかかっていなければ，動物は扉を開けて外に出てしまう．あってはならないことだが動物を飼育している人の不注意で，あるいは飼育施設の不備が原因で，動物園で飼育されている動物が逃げ出すことがある．

　最近，オランダの動物園で，ゴリラのオスが脱走し女性に襲いかかって怪我をさせる出来事があった．ゴリラがどのようにして逃げ出したかは明らかでない．攻撃された女性は動物園のシーズンチケットを買って毎日動物園に来園するほどのファンで，長時間，ゴリラの前で過ごしていた．受傷して入院中の女性は「怪我をしてもあのゴリラは私の友達」と語っているそうだ．日本の動物園でも同様な事故が起きている．

　動物園では，猛獣が逃げ出した場合を想定し，対策マニュアルを作成している．マニュアルには，逃げたときの園内の緊急連絡体制，警察署や消防署への通報，捕獲体制，観客の避難誘導などが記載されている．マニュアルを活用して模擬捕獲訓練も行なわれる．緊急時に職員がスムーズに行動できるよう，上野動物園と多摩動物公園では毎年，交互に模擬捕獲訓練を実施している．多摩動物公園で行なわれた訓練を紹介しよう．

　突風によりオランウータンの放飼場に樹木が倒れかかり，それを伝わってオスのオランウータンが放飼場から脱出したという想定で訓練が行なわれた．オランウータンは着ぐるみであるが，新人職員が着るのが慣例となっている．オランウータンを追いつめ，その収容を試みた職員1名は反対にオランウータンに捕まってしまう．園長は直ちに非常配備態勢を指示し，対策本部を設置する．対策本部は来園者の避難誘導を行なうとともに，オランウータンの捕獲作業に着手．オランウータンを捕獲予定地に追い込み，チャンスを見て麻酔銃を発射してオランウータンを麻酔する．オランウータンが倒れたら，麻酔の効果を確認のうえ捕獲し動物舎に収容する．事前にオランウータンの逃走経路を決めている訓練なので，捕獲にあたっての

写真1　園内を逃走中のオランウータン

写真2　遮断網の職員に襲いかかる

ハプニングは起こりにくい．訓練目的は職員の気を引き締めること，連絡体制の確認，捕獲器具の点検が主となる（写真1〜4）．

写真3　麻酔銃で狙われるオランウータン

写真4　麻酔の効果をみる獣医師

‡‡

【コラム】上野動物園から逃げたクロヒョウ

‡‡‡‡‡‡‡‡‡‡‡‡‡‡‡‡‡‡‡‡‡‡‡‡‡‡‡‡‡‡‡‡‡‡

　昭和11年（1936）7月25日，宿直していた飼育係が巡回で猛獣舎からクロヒョウの姿が見えないことに気づいた．朝5時過ぎのことである．このクロヒョウはシャム（現在のタイ）で捕獲されたばかりの野生味あふれる個体であった．新着クロヒョウは寝室の暗い隅でじっとしており，運動場に出たことはなかった．新着動物は新しい環境に慣れるまで日中，じっとしていることが多い．当日は夏の暑さを軽減しようと風通しをよくするため寝室と運動場の仕切戸は開けたままであった．後日調べてみると運動場の天井にわずかな隙間があり，そこから外に脱出したものと思われた．行方不明を確認後，直ちに捜索を開始したが見つからず，動物園は臨時閉園．上野警察署と上野憲兵分隊に通報した．動物園と美術学校（現在の東京芸術大学）の境にある旧千川上水が暗渠部になる付近に，クロヒョウの足跡らしきものを発見した．クロヒョウは暗渠の中にいるとの予測から，マンホールの蓋を一つひとつ開ける捜索が始まった．午後2時35分，あるマンホールの下の暗闇に二つの光る目を確認．次のマンホールの下を障害物で先に進めないように塞いだ．クロヒョウのいるマンホールの蓋をはずして檻を取り付け，上方を網で覆った．暗渠の入り口からは板を防護盾にした職員がクロヒョウを押すように前進した．盾の中央部に開けた穴から重油の松明を通した．クロヒョウは盾による圧迫と松明から発生する煙にいぶされてマンホールから飛び出し，幸い，檻にとらえられた．午後5時35分，脱走発見後，12時間経っていた．翌日の新聞には「謹謝　昨二十五日早朝上野動物園飼育の黒豹（雌）一頭脱出し市民各位に多大の御憂慮相懸け候段洵に恐縮に存上候　黒豹は園内暗渠内に潜伏し居るを発見致し同日午後五時三十五分無事捕獲収監致候間何卒御休心被下度比段御報告申上候也」との上野動物園の謝罪広告が掲載された．因みに昭和11年は世間を騒がせた事件が相次いだ年である．クロヒョウ事件は二・二六事件，阿部定事件と合わせて同年の三大事件と言われた．

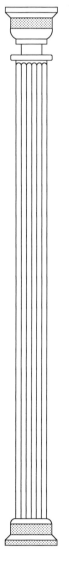

鳥インフルエンザが発生したら〜感染症対策

インドネシアの動物園が2005年9月にワシを含む鳥類27羽の鳥インフルエンザ検査を行なったところ19羽が陽性となり，この動物園は3週間近く閉園した．閉園期間中は動物園で飼育している鳥類2,100羽について鳥インフルエンザの検査を行なうとともに，園内の消毒も実施された．日本の動物園においても鳥類のオウム病，ヘラジカのクラミジア症，ゴリラのエキノコッカス症などが発生したため，一時的に閉園した例がある．

動物接触後の手洗い

動物園は来園者や飼育担当者など動物と接する多くの人がいる．また，世界中から動物が動物園にやってくる．近年は「人と動物の共通感染症」の流行でサル，コウモリ，プレーリードッグなどは原則輸入禁止され，鳥類の検疫も義務づけられた．ウシ，ブタ，ウマ，イヌなどの家畜は法律で検疫が義務づけられているが，それ以外のほとんどの動物は検疫を必要としない．このため動物園で自主的に検査を行ない，感染症が発生しないよう予防策を講じている．

感染症の予防は動物を健康に飼育することにつきる．そのための対策として，飼育動物に対しては，新着動物の自主検疫による感染症侵入の防止，予防注射の投与や定期的な動物舎消毒，動物を直接担当する飼育担当者に

プレーリードック

ミーアキャット

対しては，作業前後の手指消毒，作業衣や作業靴の衛生管理徹底などがある．動物園裏側探検という，日頃は公開されていない動物園の台所や動物の寝室などを解説つきで巡る催しがあり，来園者の人気が高い．しかし，人から動物にうつる病気もあるため，類人猿の飼育施設は公開対象から除かれることが多い．動物園内を徘徊する野生動物やイヌ，ネコも病気を持ち込む原因となる．ネコから感染したと思われる次のような症例を経験したことがある．ライオン，チーター，サーバルというアフリカのネコ類が飼育されている一画で，まずライオンに下痢と嘔吐が見られた．同じような症状がサーバルとチーターに次々に認められたため，感染症を疑って検査したところ，ネコパルボウイルス感染症であることが判明した．サーバルとライオンは治療によく反応したが，チーターは1頭が亡くなってしまった．おそらくネコパルボウイルスに感染していたネコが動物園の中を歩きまわり，糞を落としていったのであろう．その糞を踏んだ飼育担当者がウイルスを媒介したのではないかというのがネコの感染症研究者の意見であった．ライオンとサーバルは比較的軽症であったが，チーターの症状が重度であったのはチーターの遺伝的多様性が少ないことと関係があるのかもしれない．チーターは近親交配が進んでおり，何らかの原因で一時的に個体数が急激に減少し，その後，生き残ったわずかな個体から個体数が増えたと考えられている．同種でも他個体の皮膚を移植すると免疫反応により移植を受けた個体は異物と判断して，移植がうまくいかないことが普通である．しかし，チーターでは近縁と思われない個体どうしの皮膚移植が問題なくできてしまうという．近親交配をくりかえすと近交劣化といって新しい環境に適応しにくい，疾病にかかりやすい，ある特定な病気にかかりやすい，繁殖率や生まれた子供の成育率が下がるといった現象が認められる．同じ病原体に対してチーターだけが重度の症状を現した原因として，近交劣化による影響も考えられる．動物を健康に飼育するうえで，飼育個体の遺伝管理は重要であるといえよう．

　ここ数年，ニワトリに高病原性鳥インフルエンザが発生し，社会問題となった．インフルエンザウイルスはA，B，C型に分類されるが，A型は鳥

類，哺乳類に病原性を持つ．B型はヒトのみに流行し，C型はヒトに感染するが病原性はない．ガンカモなど野生水禽類が保有するA型ウイルスは病原性が低い．渡り鳥がウイルスを運搬していると考えられており，1976〜78年にかけてカナダで4,827羽のカモ類のウイルス分離調査を実施したところ陽性が26％であった．

　鳥インフルエンザのうち，感染したニワトリ，ウズラ，シチメンチョウなどの家禽の大半が死亡する強毒型のものを高病原性鳥インフルエンザと呼んでいる．高病原性ウイルスに感染した家禽は，元気消失，食欲不振，産卵率の低下，呼吸器症状，下痢，神経症状などが現れ死亡する．人にインフルエンザを起こす人インフルエンザウイルスは，水鳥の鳥インフルエンザが変異して生まれたものだと考えられている．このため，高病原性鳥インフルエンザから人間の間で感染する能力を持つウイルスが生まれる可能性があり，公衆衛生の観点から問題視されている．

　動物園ではニワトリに近縁のキジをはじめ多くの鳥類を飼育している．飼育鳥類が原発となって高病原性鳥インフルエンザを発症することは考えにくい．野鳥が運搬したウイルスに暴露されるか，動物園に出入りする人から動物園にウイルスが持ち込まれる場合が可能性として考えられる．動物園で行なわれた高病原性鳥インフルエンザ対策をまとめると以下のようになる．

　　1. 家禽のふれあい中止
　　2. 防鳥ネットの設置
　　3. 来園者の足踏み消毒
　　4. 動物接触後の手洗い
　　5. 注意看板
　　6. 日頃の衛生管理徹底

　子どもを対象としたふれあい動物園や子ども動物園では，ニワトリやアヒルを飼育している所も多く，ふれあい活動を中止した．ニワトリに流行しているので，同種の動物は触りたくないという利用者の気持ちに配慮したものである．しかし，ふれあいを中止することで入園者から動物園にウイ

ルスが持ち込まれる危険性を取り除くことができた．2002年に米国カリフォルニア州でニワトリの感染症であるニューカッスル病が流行した際，サンディエゴ動物園は通り抜けバードケージを閉鎖し，観客からの感染を防止した．

　鳥インフルエンザウイルスは野鳥が運搬していると研究者が指摘している．そこで，防鳥ネットを設置し，野鳥が飼育施設に侵入しないようにした園もある．ケージが大きいと大規模工事となり，費用がかさむことが難点である．来園者の足踏み消毒や動物園に出入りする車両の車輪消毒なども行なわれた．足踏み消毒は消毒漕に靴を長時間つけ込まないと効果がないと言われている．このため足踏み消毒を実施することは，感染症に対する来園者の注意を喚起する心理的効用の方が大きい．動物と触れあった後の手洗いは，動物とつき合うための基本である．人はいろいろな微生物と共存している．消化管にはビフィズス菌などの細菌がすみ着いており，細菌のおかげで消化がうまくいっている．ほかの動物もそれぞれの長い進化の歴史の中で，多様な微生物と共存する試みを行なってきた．それぞれが特異な関係にあるため，ある動物種と共存している微生物も，動物種が異なれば病原性を持つことがある．動物とは節度を持ったつき合いが必要で，可愛いからと口移しで餌を与えるなど過度の愛情表現を行なうと，病気をうつされる可能性がある．

　感染症の流行に際して，安全なことを確認して動物園が開園していることを知らせる看板が掲げられる．動物園の職員には，日頃の衛生管理を徹底する指示が出され人と動物を守るための方策が打たれている．

 ## 日本動物園水族館協会の対応

　動物園と水族館の事業発展のために作られた日本動物園水族館協会は，日本の主だった動物園90園ほどと水族館70館ほどで組織されている．協会では感染症に対応するため，1999年に動物園水族館の獣医師からなる感染症対策委員会を立ち上げ，動物園水族館における感染症の実体調査，感染症発生時の対応マニュアル作成，感染症情報の収集周知などを行なっている．

(104)

コツメカワウソ

新型肺炎SARSが流行したときはハクビシン，高病原性鳥インフルエンザが流行したときはニワトリが路上に捨てられ，各自治体にニワトリを引き取ってほしいという要望も寄せられた．動物園も引き取ってほしいとの問い合わせを受けている．心配される気持ちは理解できるが，動物を飼育する態度としてはどんなものだろうか．人と動物の共通感染症は，人と動物がそれぞれ加害者にも被害者にもなり得る．危険をすべて排除するゼロリスクシンドロームに陥ることなく，また，動物を一方的に悪者扱いしないためにも，正しい情報をもとに野生動物との共存を図りたい．動物園水族館の使命の一つは正しい理解のもと，野生動物との共存をアピールすることにあると思う．

参考文献

林寿郎編（1965）：飼育ハンドブック. 審美社

日本動物園水族館協会編（1995）：新飼育ハンドブック 1. 繁殖・飼料・病気. 日本動物園水族館協会

日本獣医師会（2004）：日本獣医師会の緊急提言. 学校飼育動物の鳥インフルエンザ対策につて. 日本獣医師会

環境省自然環境局総務課動物愛護管理室編（2007）：人と動物の共通感染症に関するガイドライン. 環境省

文部科学省生涯学習政策局社会教育課，三菱総合研究所（2009）：博物館における施設管理・リスクマネージメントガイドブック（実践編）. 文部科学省

3

動物を集める

1. 動物が動物園にやってくるまで

 動物園の動物はどこから来るのか？

　動物園で飼育されている動物の多くは野生動物なので，そもそもの元をた
だせば，野生の生息地で捕獲され，動物園にやってきたことに間違いはな
い．第2次世界大戦が終わって，日本が高度経済成長期を迎えた1950年代
には，全国各地で続々と動物園が建設された．1882年に日本で初めての動
物園（現在の上野動物園）が開園してから，第2次世界大戦が終結した1945
年までの63年間に開園した動物園は全国で14園だったが，1950年から60
年の11年間に，実に34園が開園したという（多摩動物公園の小林和夫氏の
ご教示による）．

　この時代の動物園では，野生の生息地で捕獲され，「動物商」という専門
業者によって輸入された野生動物を買っていた．これは，ひとり動物園だ
けの問題ではなく，この時代は世界的に経済発展が優先され，それと引き
換えに自然環境に負担を与えることの重大さは，比較的軽視されていたの
である．しかし，1960年代から70年代にかけて，自然環境の開発や汚染に
より，野生生物の生息地の減少と悪化が深刻化し，多くの野生動物の種が
絶滅の危機にさらされるようになって，国際的な野生生物の保護対策が整

備され始めた．そして現在では，野生動物を生息地で捕獲することは，原則として許されなくなっている．そのため，現在の動物園では，これまでに収集した動物を繁殖させ，世代交代を図りながら飼育展示を維持することが原則となっており，動物の収集も，動物園同士で繁殖した動物を交換したり，無償で譲り合ったり，貸し借りすることが主流となっている．

 ## 繁殖に伴う余剰動物の発生

　個々の動物園では，飼育施設の面積や動物の世話をするための労力，飼料費などの制約から，飼育できる頭数には自ずと上限がある．繁殖による頭数の増加と，自然死による頭数の減少が等しければ問題はないのだが，現実はそう簡単ではない．飼育されている動物は，飢餓，疾病，傷害などの生存に不利に働く要素は人為的に除去もしくは軽減されるので，一般に死亡率が低くなり，長命である．そのため，動物の自由に任せて繁殖をさせると，出生率が死亡率を上回り，飼育施設に収容可能な頭数を超過してしまうことがある．そこで，飼育頭数を調整するためにバース・コントロールが必要となるが，長期にわたって繁殖させないでおくと，今度は飼育動物の年齢構成が偏り，繁殖可能な年齢の若い個体がいなくなってしまうので，施設の収容力と動物の年齢構成を勘案しながら，計画的に繁殖させている．しかし，動物の種による生態の違い，年ごとの出生率，死亡率の変動や，出生する個体，死亡する個体の性別の偏りなどの不確定要素により，適正な飼育管理を維持継続するうえで不要な「余剰動物」が発生するのは，ある程度避け得ない．

　たとえば，ライオンは野生ではオス1〜2頭，メス3〜6頭，そして子供多数のプライドと呼ばれる群で生活しており，オスの子はタテガミの発達する2歳前後に群から追い出される．したがって，ライオンを群で適切に飼育し，維持継続するためには，必然的にオスが余る．ライオンに限らず，いろいろな動物で，どこの動物園でも似たような事態は起こり得る．

　そんなときに，同じ種類の動物を飼育している他の動物園で，逆にメスが多過ぎてオスが足りないということがあれば，オスとメスを交換できれば，

お互いに都合がよい．また，同じ種類の動物同士でなくても，こちらで余剰になっている動物が，先方での希望と一致すれば，やはり交換が成立するかもしれない．また，こちらから交換で提供できる動物がなくても，先方でも積極的に手放したい理由があるなら，交渉の余地はある．

　こうした，動物園同士で利害が共通する課題に共同で対応するために，国内の89の動物園，67の水族館（2010年4月1日現在）によって社団法人日本動物園水族館協会（通称「日動水」）という業界団体が組織されており，日動水のメンバーの間で，飼育動物の繁殖状況などに関する情報交換が行なわれている．

 ## 動物園同士の情報交換

　日動水では，インターネットを介して閲覧できる，会員以外には非公開のウェブサイトを運営している．このサイト上で，会員となっている動物園・水族館（以下，「園館」）の所在地や連絡先などの基本情報はチェックできるし，前年の12月31日を基準日として，各園館で飼育されている動物の頭数を，種類別に一覧表にした「飼育動物一覧」が公表される．これを見れば，どこで，どんな動物が，何頭くらい飼育されているか，おおよその状況は把握できる．また，「展示生物の交換希望」というページでは，各園館で入手したい希望動物，他園館に提供可能な余剰動物のリストが掲載されるほか，「動物交換会議室」というBBS（電子掲示板）を利用した情報交換もできるようになっている．このようにインターネットを利用したオンラインによる情報交換のほかに，各園館が独自に発行する事業概要や飼育動物一覧表などの印刷物も，有力な情報源となる．

　また，日動水がフォーマルな業界団体とすれば，このほかにも，各地の園館で働いている職員が，動物の飼育に関する技術的な情報交換，相互の親睦交流を図ることを目的にしたインフォーマルな「任意団体」が多数存在する．たいていの場合，こうした集まりの後には参加者同士の懇親会が開かれ，その場でやり取りされる「口コミ」の情報が，参加した職員を通じて動物園に伝わってくるのだが，実はこれが非常に役に立つことが多い．

他園との交渉

　国内の動物園同士の情報交換で，こちらで入手を希望する動物が，他園で余剰となっていることがわかったら，その園に連絡をとって具体的な交渉を行なう．まずは，先方で余剰となっている動物のうちに，こちらで必要な条件を満たす個体がいるかどうかの確認である．常識として，一般的な健康状態が良好であることは言うまでもない．また，基本的には展示することが前提だから，その種の外観や行動上の特徴が損なわれているのは好ましくない．たとえば，過去に大きな怪我をして，体にひどい傷痕が残っているとか，歩行や飛翔に困難を伴う後遺症がある場合である．

　また，繁殖が主な目的ならば，こちらの希望する性であること，高齢や避妊処置により繁殖能力を失っていないこと，現に飼育している個体との血縁が遠いことなどが必要となる．血縁の近い個体を交配することは，遺伝学上，好ましくないからである．一方，繁殖目的で非公開の場所で飼育する予定なら，外観上，展示に支障があっても，繁殖能力に支障がなければ問題にならないこともある．

　他の物品でいう「仕様」，「規格」に当たる個体の条件と平行して，相手方の求める取引条件についても検討しなければならない．動物の交換を行なうときに，同じ種類の動物で，血縁のない個体同士を交換するとか，オスとメスを交換するという場合には，あまり問題はないのだが，違う種類の動物の場合には，相互に提供しあう動物の「つりあい」がとれるかが問題となる．なぜなら，動物を飼育管理する立場からは「余剰動物」となっていても，そこまで育てるには一定の経費と労力を費やしているわけで，動物園を経営する立場からは，その動物は，それまでの投資に見合った金銭的価値を伴う「財産」でもあるからだ．この面での価値判断は個々の動物園の経営方針によって異なるから，どちらか一方が「割に合わない」という判断を下せば，交渉が成立しないことがある．

　また，こちらに交換で提供できる動物がないとき，相手方の希望と一致しないときには，譲り受けの条件についての交渉となるが，その条件も相手

方が「財産」としての動物の価値を，どう見積もるかによって変わってくる．まれに有償（売却）を条件とされることもあるが，一般に動物園は繁殖させた動物を販売して利益を得ることが本来の目的ではないから，通常は動物の輸送に係る経費を負担することを条件に，無償で譲り受けられることが多い．

 ## 共同繁殖計画に基づく動物の貸借

　日動水では，種保存委員会という専門の組織を設けて，動物園で飼育されている動物のうち，とくに絶滅の危険が高い動物の種の保存のため，その種の飼育園館が共同して，計画的に繁殖を推進する取り組みを行なっている．その計画の対象となっている種を「種別調整種」といい，哺乳類・鳥類，爬虫類，両生類，魚類で147種がその対象となっている（2009年12月31日現在）．種別調整種については，その種の飼育園館の中から代表として選ばれた「調整者」が，各園館で飼育されている個体についての調査を行ない，1頭ずつ個体識別をして，年齢や性別，個体間の血縁関係を明らかにするための血統登録台帳を作成する．そして，この情報に基づいて，各園館で飼育されている個体を全体として一つの集団（個体群）として扱い，繁殖計画を策定するのである．

　前述したような情報交換を通じて，各園館が任意に取引する一般の「余剰動物」と異なり，種別調整種の場合には，調整者の助言や斡旋により，繁殖計画に沿うように動物の貸借が行なわれる．これをブリーディング・ローンという．このような方法がとられるのは，種別調整種の多くは国内での飼育頭数も少なく，野生からの導入も非常に困難な希少動物であるため，個々の園館における「財産」としての評価も高いからである．なお，貸借期間，繁殖に成功して生まれた子の所有権の帰属，動物の輸送経費の負担など，貸借に関する条件交渉は，動物を貸しつける園館と，借り受ける園館との間で行ない，調整者は関与しない．また，調整者の斡旋，助言に強制力はないので，当事者間で条件の折り合いがつかなければ，実現しないこともある．

ワシントン条約

　当事者間の交渉が成立しても，動物の種によっては，その取引や輸送に当たって法的な規制があり，事前に国や都道府県の許可を受け，または届出を行なうことが必要なものもある．野生生物の取引に関する法的規制のうち，一般にもっともよく知られているのは「ワシントン条約」であろう．

　ワシントン条約とは，1973年にアメリカのワシントンD.C.において採択された（発効は1975年）ことにちなむ通称で，正式名称は「絶滅のおそれのある野生動植物の種の国際取引に関する条約（Convention on International Trade in Endangered Species of Wild Fauna and Flora）」という．また，英語表記を短縮してCITES（サイテス）ということもある．この条約は，商業的な国際取引を目的とした乱獲により，絶滅のおそれがある野生生物について，その取引を規制することで種の保全を図ろうというものである．こうした国際取引を規制すべき生物の種を掲げたリストを「附属書（Appendix）」といい，Ⅰ，Ⅱ，Ⅲに分かれている．

　もっとも規制の厳しい附属書Ⅰは掲げられる種は，「絶滅のおそれのある種であって取引による影響を受けており又は受けることのあるもの」で，「取引が認められるのは例外的な場合に限る」とされている．ここでいう「例外的な場合」とは，その取引が「種の存続を脅かす目的のために行われるものでない」と認められ，「受領しようとする者がこれを収容し及びその世話をするための適当な設備を有して」おり，「商業的目的のために使用されるものでない」場合である．具体的には学術研究と繁殖を目的とする取引にほぼ限定され，しかも輸出国の発給する輸出許可書と，輸入国の発給する輸入許可書の双方を受ける必要がある．附属書ⅡとⅢに掲げられる種は輸出国の発給する輸出許可証（附属書Ⅲについては原産地証明でも可）があれば，商業目的の取引も可能である（表1）．

表1　ワシントン条約の附属書に掲げる基準，　規制の内容, 主な規制対象動物

	附属書に掲げる基準	規制の内容	主な規制対象動
附属書 I	絶滅のおそれのある種で取引による影響を受けており又は受けることがあるもの	○一部を除き, 商業目的での取引は禁止 ○学術研究目的での取引は可能 ○輸入国が発行する輸入許可書及び輸出国が発行する輸出許可が必要	フサオネズミカンガルー属全種, オランウータン, チンパンジー, トラ, ユキヒョウ, チーター, レッサーパンダ, アフリカゾウ, マレーバク, シロオリックス, ホオアカトキ, カンムリシロムク
附属書 II	現在は必ずしも絶滅のおそれはないが, 取引を規制しなければ絶滅のおそれのある種となり得るもの	○商業目的での取引は可能 ○輸出国が発行する輸出許可書等が必要	霊長目, ネコ科, クマ科, フラミンゴ科, タカ科, ツル科に属する種のうち, 附属書 I に掲げられるものを除く全種
附属書 III	締約国が自国内の保護のため, 他の締約国の協力を必要とするもの	○商業目的での取引は可能 ○輸出国が発行する輸出許可書又は原産地証明書等が必要	ハクビシン（インド）, セイウチ（カナダ）

　しかし，条約というのは国と国との取り決めだから，規制できるのは「国際的な取引」に限られている．したがって，条約の締約国は，自国内で条約に違反する取引や，違反して取引された動物の所持を処罰することができるよう，国内法を整備することが義務づけられている．たとえば，アフリカのケニア共和国では，1977年には「野生生物保護管理法」が制定され，それまで国内各地で行なわれてきた野生動物の狩猟，野生生物製品の販売・所持が全面的に禁止されている．日本では1993年に施行された「絶滅のおそれのある野生動植物の種の保存に関する法律（種の保存法）」により，ワシントン条約の附属書 I に掲げられている種の国内取引は，原則として禁止されている．取引ができるのは，国際取引の場合と同様に学術研究または繁殖の目的に限られ，譲り渡す側と譲り受ける側の双方が，環境大臣の許可を受ける必要がある．これは動物園同士の取引でも例外ではない．このように，国内での取引はワシントン条約ではなく，直接的には「種の保存法」で規制されているのである．

表2　動物の輸入，国内取引，輸送及び飼育を規制する主な法律

法律名（略称）	規制の対象	規制の内容	主な対象動物の例示
絶滅のおそれのある野生動植物の種の保存に関する法律（種の保存法）	本邦に生息し又は生育する絶滅のおそれのある野生動植物の種（国内希少野生動植物種）	譲り受け又は譲り渡しの禁止（国の許可を受ければ可）	イリオモテヤマネコ，ツシマヤマネコ，トキ，タンチョウなど
	国際的に協力して種の保存を図ることとされている絶滅のおそれのある野生動植物の種（国際希少野生動植物種）	譲り受け又は譲り渡しの禁止（国の許可を受ければ可）	ジャイアントパンダ，ゴリラ，オランウータン，チンパンジー，トラ，チーター，ユキヒョウなど
感染症の予防及び感染症の患者に対する医療に関する法律（感染症法）	感染症を人に感染させるおそれが高いものとして政令で定める動物（指定動物）	輸入禁止（国の指定を受けた施設で飼育する場合，許可を受けて輸入することは）	イタチアナグマ，コウモリ，タヌキ，ハクビシン，プレーリードッグ，ヤワゲネズミ，サル
家畜伝染病予防法（家伝法）	家畜の法定伝染病に感染しているおそれのある全ての動物	国の指定する国，地域からの輸入禁止（それ以外の地域でも事前の届出，検疫をへて清浄な場合のみ可）	偶蹄目の動物，カモ目の鳥類など
特定外来生物による生態系等に係る被害の防止に関する法律（外来生物法）	海外から導入されることにより，日本に固有の生態系等に係る被害を及ぼし，又は及ぼすおそれがあるもの（特定外来生物）	輸入及び飼育禁止（国の許可を受ければ可）	フクロギツネ，アライグマ，タイワンザル，カニクイザル，アカゲザル，シフゾウなど
動物の愛護及び管理に関する法律（動管法）	人の生命，身体又は財産に害を加えるおそれがある動物として政令で定める動物（特定動物）	都道府県の許可を受けなければ飼育禁止．輸送に当たっては輸送中に通過する都道府県への通知義務．	アフリカゾウ，キリン，カバ，シロサイ，ライオン，チーター，ヒクイドリ，コンドル，イヌワシなど
鳥獣の保護及び狩猟の適正化に関する法律（鳥獣保護法）	鳥類又は哺乳類に属する野生動物	都道府県の許可を受けなければ，捕獲も飼育も禁止	日本産の全ての鳥類，哺乳類

　それでは，国内への不正持ち込みを防ぐ水際での規制は，どうなっているのだろうか？　実は，日本の輸入規制関連法では，条約に違反して規制対象動物（およびその製品）を国内に持ち込もうとしても，税関でその所有権を「任意放棄」すれば，違反行為やその事後処理に関する責任が問われないのである．これは条約の規制を知らずに持ち込もうとした人たちの救済になる一方で，違反を承知で持ち込もうとする確信犯を無罪放免することにもなる．

　こうした経緯で任意放棄された動物の多くは，国の依頼により国内の動物園に分散して収容される．そのため，税関でワシントン条約違反が摘発されると「濡れ手に粟」で希少動物が手に入るのだから，動物園にとって条約違反が横行するのは，むしろ好都合だろうと考える人もいるようだ．しかし，それは誤解である．条約違反で任意放棄された動物の緊急収容は，日動水が国から委託を受けて実施している事業であり，予期せぬ時に予期せぬ動物を，緊急収容するというのは，動物園としても決してありがたいことではない．本来は国の責任で対処すべきことを，放棄された動物の救済という観点から，善意で肩代わりしているというのが実情である．

 ## その他の法的規制

　「種の保存法」以外にも，いくつか別な目的で野生生物の取引や飼育を規制する法律がある．人の感染症予防を目的とした「感染症法（感染症の予防及び感染症の患者に対する医療に関する法律）」では，動物から人へと感染する可能性のある病気を予防するために，イタチ，アナグマ，コウモリ，タヌキ，ハクビシン，プレーリードッグおよびヤワゲネズミの輸入を全面的に禁止している．霊長目（サル）についても，アメリカ，中国，インドネシア，フィリピン，ベトナム，ガイアナ，スリナムの7カ国以外からの輸入は禁止である．さらに齧歯類全般，鳥類のうちインコ・オウム類などは，輸出国政府の衛生証明を添えて，国に事前に届出をしなければ輸入できない．家畜の感染症予防を目的とした「家伝法（家畜伝染病予防法）」という法律もあり，とくに偶蹄目（ウシの仲間）の輸入は厳しく制限されている．

　さらに，輸送や飼育中に万が一逃げ出して，野生化すると生態系に悪影響がある「特定外来生物」の輸入や飼育を規制する「外来生物法（特定外来生物による生態系等に係る被害の防止に関する法律）」，同様に逃げ出したときに人に危害を加える恐れがある「特定動物」の飼育や輸送を規制する「動物管理法（動物の愛護及び管理に関する法律）」，国産の鳥類・哺乳類の捕獲や飼育を規制する「鳥獣保護法（鳥獣の保護および狩猟の適正化に関する法律）」など，さまざまな法律がある．

　このように，野生動物の捕獲や輸入，国内取引および輸送，飼育を行なうには，さまざまな法律による規制を受ける．いずれも，法に定める条件を満たし，許可を受ければよいのだが，その条件を満たし，許可を受けるまでに多大な時間と労力，経費を費やさなければならないのである．

 ## 動物の輸送箱

　当事者間での交渉が成立し，関係法令に基づく手続きが完了したら，ようやく輸送の手配にかかることができる．まずは動物の健康を損なうことなく，かつ逃げ出したりしないように安全に運ぶことのできる輸送箱の準備である．どの程度の大きさの箱を用意すればよいかだが，動物が中で無理な姿勢をとらなくて済み，かつ広過ぎない大きさ，具体的には動物が自然な姿勢で立っている状態で，その四方と上方に若干の余裕がある程度の大きさが基本である．広過ぎると輸送中の振動で安定を失い，箱の壁面や天井に激突して怪我をする危険があるからだ．

　また，この程度のサイズの箱だと，動物がじっとしていても，その体温で内部の温度がかなり上がるので，それを防ぐために同時に通気性をよくすることも重要である．ただし，通気孔を箱の壁面に開けたり，窓を切って金網を張る場合には，それによって箱の強度を損なうことがあってはならないし，動物が通気孔や金網の目に，指や 嘴 を突っ込んだり，爪を引っ掛けて抜けなくなったりしないように，孔の大きさや数，位置，金網を張るための窓の大きさや金網の目の大きさにも配慮が必要である．さらに，一般に動物は予期せぬ急な動きをするものを見ると，反射的にそれから逃げ

ようとするから，これ
らの孔や窓から箱の
外側が見えにくいよ
うに，目隠しをするこ
とが望ましい．この
場合には，同時に通気
性を保つために織り
目の粗い麻布を用い
ることが多い．

写真1　コアラの輸送箱

　写真1は，多摩動物
公園で，鹿児島の動物
園からオスのコアラ
を借り受けたときのものである．コアラの輸送は，箱の中にしっかりと捕
まれる「止り木」を設置するほか，エサとなるユーカリの葉を入れておく．
箱の側面と上面は金網張りで，そのうえに視界を遮り，中を薄暗くするた
めに麻布を張る．最後に箱の上に載っている板で，手前の開いている側を
塞ぐ．

　大型犬くらいまでのサイズの哺乳類なら，ペット用として市販されている
既製品に，若干の手を加えればこれらの条件を満たすことができるし，ニ
ワトリくらいまでのサイズの鳥類を近距離輸送するなら，むしろ丈夫な段
ボール箱に小さな孔をたくさん開けたものの方がよいこともある．しかし，
ゾウやキリン，サイなどの大型動物や，トラやライオンなどの猛獣類を輸
送する場合には，特注品が必要である．なお，このような動物を輸送する
ときには，先に述べた「動物管理法」に定める細かな条件を満たす構造，強
度を備え，かつ都道府県の許可を受けたものでなければ使用できない．ま
た，輸送する経路を決め，通過する自治体にその旨を通知する義務がある．

　このように，動物の輸送箱は，動物の種類や大きさによって，大きさや形
が異なるし，輸送時以外には必要がないから，個々の園でさまざまなタイ
プの輸送箱を常備するのは，その製作や購入にかかる経費もさることなが

ら，保管場所の確保と維持管理の負担が大きい．露天に長期間放置してお
けば，木は腐るし鉄は錆びるので，雨の当たらない場所に保管しておかな
ければ，いざというときに使い物にならないからである．そのため，ゾウ
やキリンなどの「大物」を輸送できる箱がなく，新たに製作する経費もな
いときには，輸送箱を所有している他の動物園をさがして借りることもあ
る．この場合，箱を貸す園は，借り受ける園が輸送経費を負担すれば，輸
送箱自体の賃貸料は請求しない慣例となっている．

輸送箱への収容，輸送から積み下ろし，検疫まで

　動物を輸送箱へ収容する方法（箱取り）も，動物の種類によっていくつか
の異なる方法がある．鳥類の場合には網で捕らえて箱に入れるのが普通だ
が，哺乳類の場合は，夜間に動物を収容する動物舎の寝室から，輸送箱に
導くための通路が設けられていて，その通路の一方の端（動物搬出口）に輸
送箱を設置し，声を掛けたり動物が嫌う音を立てたりして，追い込む方法
が一般的である．写真2は，多摩動物公園のライオン舎の動物搬出口に輸送
箱を設置した様子で，手前に見える箱の奥に，ライオン舎寝室に繋がる通
路がある．ライオンが勢いよく箱にとび込んだときに，箱がずれて逃げた
りしないようにしっかりと固定する．

　ゾウやキリン，サイのような特大の動物や，とくに神経質な動物では，あらかじめ輸送箱を設置して，その中に自発的に入るようにトレーニングする「箱慣らし」を行なう．この作業は，相手先の動

写真2　ライオンの輸送箱

物園にやってもらうことになるから，空の輸送箱をあらかじめ送っておか
なければならない．

　輸送に当たっては，動物の種類や大きさ，輸送距離などによって，安全に
最短時間で運べる方法をとるが，たいていの場合には，生きている動物の
輸送を専門に請け負う熟練した輸送業者に委託する．長距離輸送では，輸
送時間短縮のため，利用可能なときには，できるだけ飛行機を利用するこ
とが原則だが，空港での留め置き時間や，積み下ろし作業にかかる時間を
考慮すると，長距離でも自動車による陸送の方がよい場合もある．もちろ
ん，飛行機に載せられない大型動物は陸送である．

　輸送経路の決定に当たっては，
渋滞などの道路事情も計算に入
れておく必要があるほか，キリ
ンのように背の高い動物を陸送
する場合には，障害となる陸橋
などがないということも重要で
ある．走行中は急ブレーキや急
発進は禁物であり，振動を避け
るために低速で走行しなければ
ならない．長時間，長距離の輸
送となるときには，動物の健康
状態を見ながら，休憩をとり，給
水，給餌等を行なう必要がある
ので，こちらから獣医等の職員
を派遣して，輸送中の付き添い
をさせることもある．これは万
が一の事故の際に適切な対処を
するためにも必要なことである．
また，個体により輸送中の不安
から，危険な行動をとる可能性

写真３－１　キリンの箱取り

写真３－２　キリンの首振り防止板設置

写真３－３　キリンの積み込み

写真３－４　キリンの輸送

写真３－５　キリンの動物舎への収容

があるので，先方の園の飼育担当者に付き添いを依頼することもある．

キリンの輸送

写真3は，多摩動物公園で，静岡県にあるサファリパークからアミメキリンのオスを借り受けたときのものである．多摩動物公園所有の箱をあらかじめ送っておき，「箱慣らし（写真3－1）」を済ませてから，輸送日当日に箱取りした．写真の3－2で箱の手前に庇が突き出し，その両側面に板が張ってあるのは，輸送中にキリンが首を左右に振るのを防ぐためのものである．また，キリンは背が高く，途中にトンネルなどがあると通れないことがあるので，低床トラックを手配し，クレーンで積み込む（写真3－3,－4）．動物園に到着したら，動物舎へ降ろす作業はフォークリフトを用いた（写真3－5）．これは動物舎の位置や園路，樹木等の周囲の状況により，クレーン車を使える空間的余裕がないからである．

ペットの犬や猫と同じくらいの大きさの動物を近距離輸送すると

きには，自動車や公共の交通機関を利用して，園の職員が直接先方に引き取りに行くこともある．また，長距離でも，小形動物で輸送中に特別な世話をする必要のない場合には，宅配便を利用することもできる．たとえば，多摩動物公園で，2004年にレッサーパンダを横浜市の動物園から借り受けたときには，空の輸送箱を自動車に積んで引き取りにいったし，長野県で捕獲されたコウベモグラというモグラの一種を，宅配便で送ってもらった例もある．

　こうして他の動物園から来園した動物は，原則として園内の検疫施設に隔離して検疫を行なう．その内容は血液検査等の一般健康診断と，寄生虫や感染症の有無で，必要に応じてワクチン接種や個体識別のための措置を行なう．標準的な検疫期間は国内他園からの来園の場合は1〜2週間である．検疫舎に収容できない大型動物の場合は，あらかじめ先方の園に依頼して，必要な検査をしてもらうか，検査に必要な血液や糞を送ってもらい，問題がないことを確かめてから輸送し，動物舎に収容する．その場合も，すでに飼育している個体と，1〜2週間は接触することがないように管理する．この検疫が終了すると，ようやく展示することができるようになる．

 ## 動物園以外との取引

　ここまでは，主に日動水のメンバーとなっている園館の間での動物の取引（移動）について述べたが，国内の他の動物園で希望する動物が見つからないときには，動物園以外の施設や海外の動物園などを探すことになる．この場合，日動水を通じた情報交換はできないので，個々の園で独自に情報収集を行なわなければならない．多摩動物公園では，2006年にトナカイのオス1頭が来園したが，このトナカイは北海道の観光牧場から購入したものである．このときには，北海道にはトナカイを飼育繁殖している観光牧場があるという情報を，園の職員が口コミで仕入れてきたので，インターネットで「トナカイ」,「牧場」をキー・ワードに検索を行なったところ，その牧場の所在地の町役場のホームページがヒットしたので，その町役場に電話をかけて，牧場の経営者の方を紹介してもらった．

　牧場の経営者に連絡を取り，性別や年齢，予算などのこちらの希望する条件を伝えたところ，適当な個体がいるということだったので，売買契約を結び，輸送方法の打ち合わせを行なった．輸送箱は先方で用意し，最寄りの空港から飛行機に載せるまではやってくれることになったので，羽田空港からの輸送については，こちらで別の輸送業者に委託し，多摩動物公園まで輸送した．

　このように，園の職員が自ら動物の入手先を探し，動物の所有者と直接に交渉することもあるのだが，海外からの情報収集や交渉は，英語で行なわなければならないので，誰にでもできる仕事ではない．そのため，現在でも海外からの収集の場合は，動物商に依頼して購入することが少なくない．

　動物商は，国内外の動物園や商業的ブリーダーなどを調査し，その結果が動物園に伝えられる．また，国によっては，自国産の野生動物を，国家の財産として厳重に保護しながら，絶滅のおそれのない種については，種の存続に支障のない範囲で捕獲し，国外の動物園等への輸出を許可することがあるのだが，そうした情報も動物商を通じて伝わってくる．

　こうして動物商から提供される入手可能な動物のリストの中に，希望する動物が見つかれば，見積もりを取り，予算との折り合いがつけば，契約，発注を行なう．その後は輸入に必要な事務手続きや動物輸送の手配などの一切は動物商が行なうので，あとは動物が到着するのを待つだけである．このように，動物園にとって，動物商に依頼するのは便利なのだが，経費的には非常に高くつくのが難点である．

 ## 国際親善による寄贈

　国や，動物園を運営している市と海外の都市との友好や親善の証として，動物が寄贈されるケースもある．1972（昭和47）年に日本で初めて，上野動物園にジャイアントパンダが来園したが，これは日中国交正常化を記念して中国国民から日本国民へと贈られたものであった．また，1984（昭和59）年に，多摩動物公園に初めてコアラが来園したのも，多摩動物公園を運営する東京都とオーストラリアのニューサウスウェールズ州と友好都市提

携を行なったことを記念してのことであった．このような，外交ルートの取引であっても，各種の法的手続きや輸送の手配については，他の場合と同じである．

　しかし，動物を無償で寄贈する形の「動物外交」は近年では少なくなっている．中国では，ジャイアントパンダは「国家一級保護動物」であり，現在では外国の動物園に輸出するときには，有償で期間を限って貸し出すことになっている．貸付料は中国国内の野生のパンダの保護のために使われる．日本の動物園で飼育されているジャイアントパンダも，すべて中国政府からの「借り物」である．また，オーストラリアでは，コアラを「大使動物（Ambassador Animal）」と位置づけ，コアラの保護のための寄附金を納めることなどに同意しなければ，外国の動物園に輸出しないという政策を打ち出している．つまり，海外の動物園に輸出されるコアラは，故郷の仲間たちを代表して，故郷の自然を守るため寄付金を募りに派遣される「動物大使」である，ということである．もう少し皮相な見方をするならば，自国産の野生動物の保護資金を得るために，海外の動物園で人気の高い動物に「出稼ぎ」をさせているということもできよう．

　こうした政策には，動物園関係者の間でも批判があるが，自国産の野生動物を国家の財産として位置づけ，それを利用しようとする者に対しては，その種の保護のために応分の負担を求めるという考え方は，国際的にはかなり広まってきている．

 ## 日本産動物の収集

　ウグイスやメジロ，ホオジロなどの小鳥類（和鳥）は，これを飼育して声や姿を楽しむ文化が，日本には古くから伝わっており，「すり餌」という独特の配合飼料を与えて飼育する技術があるのだが，すり餌で飼育していても，繁殖させることはできない．親鳥は，自分では食べるすり餌を，雛に与えようとはしないからである．

　そのため，愛玩用に需要がある和鳥でも，商業的な繁殖に成功しているものはなく，一般の飼育愛好家向けには，外国に生息する同種の鳥が輸入さ

れ，販売されている．動物園でも，こうしたルートで和鳥を購入すること
もあるが，入手できる種は限られているし，姿や声の美しいのは，たいて
いオスだけなので，個人の愛玩用に販売されるものはオスが多く，メスの
入手が困難である．飼育繁殖により維持するために，元になる和鳥のオス，
メスを手に入れるには，自分で採集する以外には適当な方法がない．その
ため，東京の上野動物園と井の頭自然文化園は，共同でかすみ網による和
鳥採集を実施している．

　また，多摩動物公園では，専用トラップによるモグラや野ネズミ類の採集
を行なっている．これらの小型哺乳類は，夜行性で展示が難しいうえ，モ
グラでは大量のミミズ等の生餌を安定して確保できなければ，すぐに飢え
て死んでしまうため，今までは動物園で展示されることは余りなかった．ま
た，ゴルフ場や田畑では，これらの動物は迷惑な存在なので，駆除等の理
由で捕殺されることはあっても，生け捕りにされることは少なく，生きて
いる個体を入手するには，やはり自分で採集する以外に適当な方法がない
のである．

　これらの採集は，もちろん，「鳥獣保護法」に基づく許可を受けて行なっ
ているし，野生における動物の生存に影響のできるだけ少ない方法で，最
小限の頭数を採集し，飼育下での繁殖技術確立を目指している．また，モ
グラについては，地中生活をするだけに生態に不明の点が多く，飼育して
みなければ判らないモグラの生態解明のための研究を進めている．

2. 個体の管理

 ## 個体識別と個体管理

　われわれの社会生活の中では，会ったことがなく，顔も知らない相手を探
し出して，用務を達成しなければならないことは珍しくない．たとえば，あ
なたが会社員で，上司から取引先に書類を届けるよう命令されたとしよう．
上司は取引先の担当者の所属と氏名をあなたに告げる．あなたはその人物

とは会ったことがなく，顔も知らない．しかし，あなたは取引先の大勢の社員の中から，目指す一人を特定して，上司から託された書類を確実に渡さなければならない．

　人間の社会では，それは別に難しいことではない．たいていは，聞けばわかるからである．会社の案内カウンターで来意を告げれば，そこの担当社員は，あなたが目指す相手の所属部署が，社屋のどこにあるかを教えてくれるだろう．そこへ行って，また誰かに尋ねれば，目指す相手を呼んでもらえるに違いない．目指す相手と対面できたら，たぶん相手は応接室かどこかへ案内してくれて，そこで改めて挨拶，名刺交換をして用件を話し，書類を渡すことができるであろう．

　これと似たようなことが動物園にもある．たとえば，サル山で飼育しているニホンザルに破傷風の予防接種を行なう場合を考えよう．破傷風の場合，初めて接種したら，その1年後に2回目の接種を行ない，それ以降は5年ごとに1回，追加接種を行なわなければならない．ある年に，その追加接種を行なうことになったとしよう．獣医師が飼育係に「5年前に予防注射をしたサル」だけを選んで捕まえてくれ，と依頼したとする．このとき，サル山担当の飼育係は，取引先に書類を届けるよう，上司に命じられた会社員と似た立場に置かれたことになる．しかし，大きく異なる点は，サルは何を聞いても答えてはくれない，ということである．

　したがって飼育係は，サル山のサル1頭，1頭を見分けることができなければならない．そして，その1頭，1頭に「名前」をつけ，「名前」と「顔」を一致させて記憶（または記録）しておかなければならない．さらに，個体ごとに予防注射の接種歴を記録しておかなければならない．それができて，はじめて「5年前に予防注射をしたサル」がどれかを特定することができるのである．

　このように動物園において，飼育している動物を1頭・1羽ずつ見分け，言葉による区別ができるように個体ごとに「名前」を与え，その個体の「名前」と「顔」を一致させて記憶（または記録）することを個体識別といい，個体識別を行なったうえで，個体ごとに種々の情報を記録し，管理することを個体管理という．

個体識別の方法

われわれが, 家族や友人, 知人を, 他人と見分ける決め手となるのは, たいていの場合は顔であろう. たとえば, 街で前を歩く人の後ろ姿を見て, 友人の一人に「似ているな」と感じ, それに間違いがないか確認しようと思ったら, 近づいて行って声をかければよい. そして, その人物が振り向いて, あなたに顔を見せれば, それが本当にあなたの友人であるかどうか, 特定できる. 人間の場合, 身体のうちで目と鼻と口のある頭部の前面, すなわち「顔」が, 外観上, 個人を特定する鍵となる身体的特徴である.

人間が他の動物を個体ごとに見分ける場合にも, 人間の「顔」に当たる身体的特徴を探せばよい. ただし, それは必ずしも「目と鼻と口のある頭部の前面」とは限らない. グレビーシマウマでは, 体の一部に, 個体ごとに縞模様のパターンが異なる部位がある (写真4). いうなれば, ここがシマウマの「顔」であり, 飼育係はこの「顔」で1頭ずつを見分け, 「名前」をつけ, 「顔」と「名前」を一致させて記憶するのである.

こうしたはっきりした特徴がなくても, 顔や体格などの身体的特徴によって見分けることは不可能ではない. たとえば, あなたがサル山のニホンザルを見るときにも, その気になって注意深く見れば, 毛が抜けているとか, 傷があるとか, 体がとくに大きいとかの目立った特徴があれば, そのサルを他のサルと見分けることはできるだろう.

写真4　縞模様の違いによる識別
　　　　（グレビーシマウマ）

　ただし，そうした特徴は一過性のものもあるので注意が必要である．毛が抜けているのは，たまたまサル同士の闘争があって，引き抜かれただけかもしれないし，傷もそれが傷跡も残らずに完治してしまう程度のものであれば役に立たない．体の大きさも，サル山の中で他のサルと一緒にいるからこそ，際立って見えるだけかもしれない．管理することを目的とした個体識別は，人間の指紋のように個体ごとに異なっていて，しかも生涯変わらないという特徴を見つけ出して，それを手がかりにして行なうことが必要とされる．

　しかし，とくに鳥類などでは，注意深く見比べても，われわれには外観上の個体差がわからないものが多い．また，先にシマウマの例で述べたように，その動物を担当している飼育係の記憶だけに頼るのでは，不都合が生じることもある．動物園として適切な管理を行なうには，飼育係でなくても容易に確実に見分けることができる方法が望ましい．そのためには，個体ごとに人工的な「顔」を与える，すなわち，個体を見分ける手掛かりとなる標識をつければよい．

　鳥類の場合には，離れた所からでも外観で容易に見分けることができるように，鮮やかな色のついた足環（カラーリング）が用いられることが多い（写真5）．そして，その色と足環をつけている位置（右脚か左脚か）の組み合わせで，「右赤」とか「左赤」，「右赤・左黄」，「右赤・左緑」というように区別して呼ぶ．これがその個体の「名前」となる．

　ところで，「名前」には，飼育係が日常的に呼びやすいようにつける「呼び名」と，個体管理のための公式な記録をつけるときに用いる「識別

写真5　足環の利用
（モモイロペリカン）

番号」とがある．人間の社会でも，社員番号とか自動車の運転免許証の番
号とか，氏名のほかに個人を特定するさまざまな番号があるのと同様であ
る．鳥類の多くは，先に述べたようにカラーリングの位置と色の組み合わ
せが「呼び名」となり，これとは別に「識別番号」を刻印した金属製の足
環を併用することが多い．

　哺乳類の場合には，女性のピアスのように耳につける「耳標」を用いる
（写真6）．耳標を用いる場合も，鳥類のカラーリングのように，その色と位
置の組み合わせで見分けるか，耳標に記された番号や記号で見分ける．た
だし，哺乳類の「呼び名」は，タローとかハナコ，サクラとかカエデという
ように人間や植物などの名前をつけるのが一般的であり，たとえば，左の
耳に赤い耳標をつけているのがハナコとか，耳標にA001と記されているの
がタロー，というように，飼育係は耳標の位置や色，番号や記号と，その
個体の「呼び名」を一致させて記憶するとともに，その対照表をつくって
個体識別を行なう．

写真6　耳標の利用（パルマワラビー）

　しかし，実際には耳標を
用いることのできる動物は
限られている．前肢を器用
に動かせる動物（たとえば
サル類）では，自分で取り
外してしまうこともある
し，有蹄類でも，同居して
いる他の個体がくわえた
り，かじったりして，外れ
てしまうこともあるから
だ．また，動物をできるだ
け自然な姿で展示するとい
う面からは，あまり大きく
て目立つ人工的な標識は好
ましくないとされる．

そこで鳥類にも哺乳類にも適用
でき，管理上の有効性が高い方法
として，マイクロチップによる個
体識別が普及している．マイクロ
チップには，いくつかの異なる規
格があるが，日本の動物園で広く
使用されているのは，ドイツのト
ローバン社製のトランスポンダー

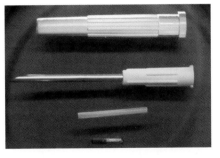

写真7　マイクロチップと挿入器

というものである．これは1991年にCBSGにより，世界の動物園で使用す
るマイクロチップの国際標準として推奨されたからである．

　トランスポンダーは，たとえば00 − 102 D − 149F というように，数字
とアルファベットの文字を組み合わせた唯一無二の識別コードを記憶させ
た ICとコンデンサおよび電磁コイルが，特殊な生体適合ガラスに封入され
たもので，直径2.2 mm，長さ11 mmのマイクロチップである．これがあら
かじめ太い注射針の中に充填されており，インプランターという器具を用
いて，注射するような要領で動物の皮下，筋肉内または体腔内に埋め込む
（写真7）．

　識別コードの読み取りは，リーダーにより電磁波をチップの埋め込み部位
に照射することによって行なう．この電磁波の作用で，チップ内のコイル
に電磁誘導による電流が発生して ICを起動させ，ICが発信するデータを
リーダーで受信して，ディスプレイにデジタル表示させる仕組みである．た
だし，リーダーによる識別コードの読み取り可能距離は最大で20 cmなの
で，動物を捕獲するか，近寄らなければ個体識別ができないし，外観によ
る識別はもちろん不可能なので，実際には外観で識別可能な他の方法と組
み合わせて用いられることが多い．

　近年，日本でもイヌやネコにマイクロチップを埋め込むことが推奨されて
いる．イヌ，ネコに用いられるマイクロチップは国際規格（ISO）に適合し
たもので，動物園で広く使われているトローバン社製のものとはコード体
系が異なっている．

個体情報の記録と管理

　このようにして個体識別ができたら，動物園として動物を管理するうえで
の基本となる個体情報を記録する．それは，しばしば人間でいうところの
「戸籍」に例えられ，一般的には次のような事項が記録される．

①種名

　その動物の種の名称．標準和名のほか，学名と英名を併記する．

②個体識別情報

　個体識別の手がかりとなる情報．足環や耳標の色や位置，番号や記号，
　マイクロチップの識別番号など．

③性別

　去勢や避妊をしている場合はそれを併記．

④繁殖年月日及び転入年月日

　その個体が生まれた年月日．他の動物園等から転入した場合はその年月日．

⑤出生地及び転入元

　その個体が生まれた場所．他の動物園等から転入した場合は，その場所．

⑥両親の個体識別情報

　その個体の両親を特定するための手がかりとなる情報．足環や耳標の色
　や位置，番号や記号，マイクロチップの識別番号など．

⑦死亡年月日または転出年月日

　その個体が死亡した年月日．生存中に他の動物園等に転出した場合はそ
　の年月日．

⑧死因または転出先

　死亡した場合の死因,生存中に他の動物園等に転出した場合はその行き先.

　これらの情報を管理する方法として，現在はコンピュータのデータベース
ソフトを用いて，園として一元的に集約・管理する方法が一般的であろう．
そのときには，あとで検索するときのことを考え，入力するデータ表記の
方法を規格化しておくことが重要である．

　文字による情報は，同じ内容を表す複数の表記方法がある．たとえば，性別の表記ひとつをとっても，漢字やカタカナ，記号（♂，♀）などで表記できる．これをデータ表記の「あいまいさ」という．データベースに記録されている個体データの中から，ある動物のメスのデータだけを検索したいときに，入力時の表記方法がまちまちだと，うまくいかない．検索語として「メス」と入力して検索をかけると，漢字や記号で入力されているデータははじかれてしまうからである．

　また，園内で個体情報を伝達するときにも注意が必要である．鳥に識別番号を刻印した金属製の足環をつける場合を例にとろう．足環に刻印されている文字が「T－0001」であったとする．その番号を読み上げてから，鳥に足環をつける者と，傍らでそれを聞いて，メモを取る者とで作業を分担したときに，足環をつける者が，その番号を「ティー・ゼロゼロゼロイチ」と発音し，メモを取る者がこれを聞いて「T0001」と記録してしまえば，実際の足環の表記と違ってしまう．数年後，その足環をつけた個体が死んでしまったとき，その個体の繁殖年月日を確認して，生存期間を調べるためにデータベースを検索したとしよう．回収された死体から外した足環の表記に従って，検索語として「T－0001」と入力しても，目指す個体はヒットしないということが起こり得る．

　こうしたデータ表記の「あいまいさ」は，帳簿などに記録された文字情報を人間の目で見る場合には，あまり問題にならない．性別の表記が漢字でもカタカナでも記号でも，メスならメスと認識できるし，「T－0001」と「T0001」の違いは「記録するときに－（ハイフン）を省略してしまったのだな」と想像がつくからである．そのため，データベースへの入力時にも，データの規格化ということに無頓着になりがちであり，正確さを欠くデータ入力をしてしまうということが起こりやすい．

　しかし，一度入力したデータの訂正は非常に時間と労力を要する作業なので，新規にデータ入力するときだけでなく，コンピュータの普及する以前に，帳簿やカードに記載されていた過去の情報をデータベースに移し替えるときにも，十分な注意が必要である．

血統登録

　動物を飼育するうえで，個体管理を行なうことの意義は，大きく分けて2つある．その1つは，ニホンザルの予防接種の例を挙げて述べたように，飼育動物の健康管理であり，もう1つは絶滅のおそれがあるとされる種について，個体間の血縁関係を明らかにし，血縁の近い個体同士を繁殖させないように管理することである．現在のように，動物園同士で，繁殖した個体を交換したり，貸し借りしたりすることが当たり前になっている状況において，この目的を達成するには，個々の動物園で先に示した8項目を確実に記録して個体管理を行なうことが前提となる．そのうえで，個々の動物園単位ではなく，動物の種を単位として個体情報を一元的に集約することが必要である．これを「血統登録」という．

　現在，日本の動物園における血統登録は，日動水によって設置された種保存委員会の主導で行なわれており，絶滅のおそれがあり，動物園で計画的な繁殖が必要と認められる哺乳類36種，鳥類26種が対象になっている．血統登録の事務は，日動水の会員になっている動物園で対象種を飼育している園の中から選ばれ，その園が年に1回，対象種の血統登録調査を行なって，個体情報を集約し，そのデータを公表することになっている．

　血統登録の意義は，動物園同士の間で個体の移動があったときに，その個体の追跡と特定ができるようにすることであり，飼育動物の個体間の血縁関係を明らかにすることにある．したがって，それは手段であって目的ではない．血統登録のデータに基づいて，対象種を飼育している動物園が共同で計画的にその種の繁殖管理を行なうことによって，それは初めて意味を持つのである．

個体群管理

　血統登録のデータに基づいて繁殖計画を立てるときに重要とされるのは，血縁の近い個体同士を繁殖させない，すなわち近親交配をできるだけ回避することである．しかし，国内の動物園で飼育されている種を長期にわたっ

て維持していくためには，単に近親交配を避けるだけでは不十分で，飼育
されている個体すべてを総体として1つの個体群として捉え，将来における
個体数の変動も予測して管理しなければならない．そのためには，個体群
の年齢構成と性比を把握し，出生率と死亡率を算出するなど，データの統
計学的な処理が必要とされる．

　年齢構成と性比は，個体の繁殖年月日と性別がわかれば調べることができ
るし，出生率の算出もできる．これに加えて死亡年月日がわかれば，死亡
率の算出もできる．年齢構成と性比は年齢ピラミッドで視覚的に表すこと
ができる．これは，縦軸を年齢，横軸を頭数とし，縦軸の左をオス，右側
をメスとして，同じ年齢の個体をプロットしたもので，年齢ピラミッドの
形で将来における総個体数の変動をある程度予測できる（図1）．

　一夫一婦制の配偶形態をとる動物では，一般に年齢ピラミッドが二等辺三
角形に近く，出生率が死亡率をわずかに上回るときには，長期にわたって
少しずつ個体数が増え，安定的な成長状態が維持されると予測される．こ
の状態から死亡率が変わらずに出生率が下がっていくと，若い個体の数が
減って裾野が狭くなり，中高年層の比率が相対的に増加して釣鐘形に近い
形になる．これがさらに進むと逆三角形に近くなり，やがては消滅する可
能性がある．

　血統登録においては，生存している個体の血縁関係を明らかにすることば
かりが重要視され，そうしたデータの重要性は意外に認識されていない．た
とえば鳥類の場合，産んだ卵が実際に孵化する比率，すなわち孵化率も考
慮しなければならないが，一般的な血統登録調査で，個体ごとの産卵数を
調査項目にしている例は見当たらない．したがって，ある1羽のメスが，1回
の繁殖で4個の卵を産み，そのうちの3個が孵化した場合，記録に残るのは
孵化した3羽の雛だけで，残りの1個が孵化しなかったという事実は記録さ
れず，孵化率の算出はできない．

　さらに付け加えるならば，仮に血統登録の担当者が，孵化率のデータを集
めたいと考え，それを調査項目に加えたとしても，個々の飼育園でその記
録をとっていなければ，お手上げである．場合によっては，孵化後1年以内

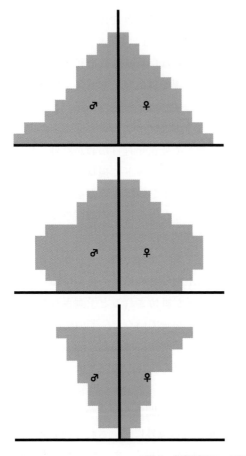

若年層の個体数が多く，性比に
大きな偏りがないので，これら
が適齢期に達すると，繁殖に参
加できる個体数も多く，出生率
が増加すると予測される．

若年層の個体数が減り，壮年層
の比率が増えると，この先の出
生率は徐々に低下する可能性が
ある．

高齢個体の比率が増え，若年層
の比率が最も少なくなると，出
生率が低下し，死亡率が上昇す
るので，消滅する可能性が高い．

図1　年齢ピラミッドによる予測

に死亡した個体の出生と死亡の記録もなく，血統登録調査で把握できるの
は，実際に孵化し，調査の期日まで生存していた個体だけになってしまう
こともある．実際には担当の飼育係が記録をとっていても，それを園とし
て一元的に集約し，管理している例はほとんどないと思われる．結局のと
ころ，血統登録が有効に機能するかどうかは，個々の動物園でそうしたデー
タを一元的に集積し，解析する重要性を，どこまで認識してくれるかに左
右されてしまう面がある．

　以上のように，国内においては日動水という組織があり，会員となっている動物園の連携による動物の個体管理は行なわれているものの，その必要性，重要性に関する個々の動物園の認識には温度差があり，国内で統一的な基準を設けて個体記録を一元的に集積・管理し，会員に対して，飼育・繁殖・展示・教育などに有益な情報を提供するという機能は，不十分と言わざるを得ない．しかし，海外においては，世界の動物園が共同利用できるグローバルな動物データベースの構築を企図した野心的な計画が進められている．

国際種情報機構
（ISIS : International Species Information System）

　ISISは，1974年にアメリカの55動物園が中心となって結成された，会員制の非営利組織である．現在では，その会員は全世界に広がり，70カ国以上で650を超える動物園が会員になっている．ISISの目的は，コンピュータを利用した国際的な動物の個体管理システムの構築である．「何をどう記録すべきか？」ということを，個々の動物園が独自に決め，それぞれに独自の方法で管理を行なうことによるデータの不統一や経費の非効率を解消するため，1985年に会員動物園共通で利用できる標準的な個体記録管理システムの開発を行なった．それがARKS（Animal Record Keeping System）と名づけられたコンピュータ・ソフトウェアである．ARKSでは，繁殖年月日などは数字（テキストデータ）を入力する必要があるが，種名や学名，性別などの項目は，システムに組み込まれたリストファイルから表示されたデータ（構造化データ）を選択する方式になっていて，入力は比較的簡単であり，データ表記の「あいまいさ」によるデータの不統一やケアレスミスを少なくするような配慮がなされている．

　ISIS会員動物園には，ARKSが無償で配布され，これを利用して個体記録管理を行ない，入力したデータは，月ごとにISISに提出することが義務づけられている．初期はバックアップ・ファイルをフロッピー・ディスク

(134)

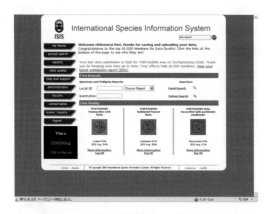

写真8 ISISのウェブサイト (ホームページ)

にセーブして，これを郵送する方式だったが，現在ではインターネットを介して，オンラインでファイルの送付を行なう方式になっている．こうして集められた個体記録が，ISIS のサーバに構築されたセントラル・データベースに集積される．過去20年間に集積された個体記録は，約200万件にのぼる．会員動物園は ISIS の Web ブラウザ（写真8）を使ってこのデータベースにアクセスでき，世界各地の会員動物園における個体記録を検索・参照できるようになっている．

　ARKS のほかに，ARKS の個体記録とリンクさせて使用できる Me-dARKS（Medical Animal Record Keeping System）という獣医臨床記録管理ソフト，種別の個体群管理及び血統登録に利用できる SPARKS（Single Population Analysis and Record Keeping System）というソフトウェアが供給されている．SPRAKS に関しては，ISIS 会員動物園以外にも有償で配布されるので，日動水の血統登録にも一部で活用されている．

　ISIS の提供するソフトウェアと，それらを使用することによって集積・構築されたデータベースは，20年以上にわたり，多くの動物園において，動物の飼育管理技術の向上に役立ってきた．しかし，現代の動物園は野生動物の保全に一層の貢献をすることが求められており，現行システムは，こうした時代の要請に即応できないものになりつつあった．また，個々のソフトウェアも，MS－DOS をベースにしたアプリケーションとしてスタートしたため，ARSK 以外は Windows に対応できていないのが現状である．

　こうした状況を背景に，ISIS 設立当初からその活動を支援し，ISIS のシステム・ユーザを多く抱える AZA（アメリカ動物園水族館協会）は，2000

年1月，"Strategic Data Task Force"という特別委員会を設立し，現状の動物情報管理システムの見直しを行ない，将来構想を検討した．同年2月にはISISも理想の動物データベースとISISの将来についての青写真を描くために，"ISIS Future Research"という国際会議を招集した．これらの独立の会議でそれぞれに検討された結果は同じであった．すなわち，Webベースで，最新かつ正確な情報を，リアルタイムで安全・確実に入手することができ，ユーザの特定のニーズに対応できるよう，データの多目的利用が可能なシステムの開発に，一刻も早く着手すべきだ，というものである．こうした将来展望の下に，この課題をより具体的に検討するために，各方面（日動水，ISIS，AZAのように，動物園が地域ごと，目的ごとに連携している協会組織が，世界各地に数多く存在する）の専門家により編成されたさまざまな委員会が設立され，精力的な議論と検討が重ねられるプロセスで，新たなシステムの名称はZIMSと定められた．

動物情報管理システム （ZIMS：Zoological Information Management System）

ZIMSはWebベースのアプリケーションで，ユーザはWebブラウザを使って，ISISのサーバにインストールされたZIMSを利用する．これにより，個々のユーザが入力したデータは，その直後から全てのユーザ共有のものとなり，他の動物園における飼育動物の最新かつ正確な個体記録を，リアルタイムで必要なときに検索・参照・処理することができる．現行のシステムでISISのサーバに集積されているARKSのデータ，SPARKSやMedARKSにより作成されたデータもすべてZIMSに統合して一元的に管理される．

ZIMSの開発には200以上の会員動物園から500人以上がボランティアで参加しており，134の会員動物園，企業，政府機関から総額540万ドルの財政支援を得ているが，開発の最初のステップが完了するまでに，総額1,000万ドルの経費を要することが見込まれるため，現在も資金獲得の努力が続けられている．これまでに数多く開催されたワークショップで既存システ

写真9　ZIMSインターフェイスの例
（プロトタイプ：ログオン・スクリーン）

ムのユーザの要望や意見を精力的に取り入れ，開発の作業が進められてい
る．また，2008年10月からはZIMSブログにより，日本語での意見交換が
できるようになっており，ブログを通じてスタッフから開発の経過報告を
行なったり，ユーザからの質問に答えたりもしている．現在のところ，2010
年3月10日にリリースされる予定である．

　ところで，日動水の会員となっている動物園と水族館は，計156（動物園
89，水族館67）あり，日本は世界でも有数の"動物園水族館大国"である．
しかし，そのうちでISISに加入しているのは，動物園7（埼玉こども，天王
寺，井の頭，上野，多摩，野毛山，ズーラシア），水族館3（アクアマリン福
島，名古屋港，葛西）と非常に少ない．ZIMSをより実効あるシステムとし
て充実させるためには，日本の動物園のZIMSへの参加を促すことが，重要
な課題となっている．現状でISISへの加入率が低い原因はいくつか考えら
れるが，その1つは「言語の壁」である．ZIMSはインターフェイス（スク
リーン上に表示される各種のレイアウト・様式，写真9）や，報告書など紙
にプリントアウトする際の様式，オンラインヘルプ，構造化データなどは
翻訳を行なって，多国語に対応できるようなシステムにすることになって
いる．

　ただし，ZIMSの開発に対する人的・資金的支援のほとんどが，アメリカ
を中心とする英語圏の動物園からの支援であることから，英語以外の言語

への翻訳に当たっては，その経費負担も含めて，当該言語を母国語とする国や地域の責任で行なう必要があるというのが，ISISの見解である．したがって，最終的には国内の動物園にとって，ISISへ納入する年会費およびZIMSの開発経費の負担に対して，ZIMSを利用できることのメリットがどれだけあるか，という費用対効果の問題が，ZIMSへの参加を左右する鍵になるのかもしれない．

　動物園において，絶滅のおそれのある種の計画的な繁殖管理を行ない，それを長期にわたって維持することは，個々の動物園がそれぞれ単独で独自にやろうとしてもできることではない．単純に飼育スペースの面だけを考えても，1つの動物園で飼育できる個体数には限界があるし，近親交配を防ぐためには，個体間の血縁関係を把握した上での定期的な個体の交流が不可欠だ．

　また，国内外を問わず，繁殖管理の対象となる種を飼育している全ての動物園が協力して，動物園で飼育している全ての個体を，総体として1つの個体群として捉え，包括的かつ長期的に管理するという戦略的発想がなければ，やがて行き詰ってしまう．そのためには，先にも述べたように出生率や死亡率などのデータが重要な意味を持つ．そして，こうしたデータを統計学的に分析処理するには，コンピュータを用いて，規格化されたデータを一元的に，数多く集積しておく方が都合がよい．野生動物の保全に積極的に貢献しようとするなら，これひとつとってもZIMS　に参加し，その一翼を担うことの価値は大きい．海外の動物園がZIMSの開発に多大の労力と経費を投じるのは，ZIMSがもたらすだろうメリットの大きさを，十分に認識しているからに違いない．

　日本の動物園がどれほど多くZIMSに参加するかということは，国際社会において野生動物の保全にどれほどの貢献をするつもりがあるのか，その姿勢を問う試金石の1つになるだろう．

動物を展示する

1. ハード面

 動物舎のつくり

　動物を飼育展示するための建物や構造物，付帯設備を総称して「動物舎」と呼ぶが，その動物舎のつくりとして，もっとも重要な要件は展示動物の逃走防止と安全性の確保である．ライオンやトラなどのいわゆる猛獣類や，ゾウやサイなどの大型獣が動物舎から逃げ，人の身体生命に直接的な危害を及ぼすことがあってはならないし，逃げないまでも，動物が檻や柵越しに人に咬みついたり，引っ掻いたりしないよう，展示動物と来園者の間に一定の距離を保つ必要がある．また，そのような危険がない動物でも，それらが逃げ出して野生化し，人に迷惑をかけたり，農作物を荒らしたり，生態系を撹乱したりすることを防ぐことも重要である．そのうえで，動物を見る来園者の立場からは，動物がより見やすい方がよいし，動物の身になってみれば，動物舎の中が安全・快適に暮せる生活空間となっていることが望ましい．動物の世話をする飼育係の立場からは，動物舎内で作業するときに，安全で作業効率が高いことが求められる．これらの条件を全て完璧に満たすことは不可能であり，現実の動物舎は，これらの妥協の産物ということができる．

鎖で繋ぐ

かつて日本の家庭では，イヌは防犯用の番犬として，屋外に鎖で繋いで飼育するものであった．犬に鎖をつけた首輪をはめ，その鎖の一方の端を庭先に立てた杭に繋ぐ．その傍らの鎖が届く範囲に犬小屋を設け，イヌはその中で休むことができるつくりである．日に1〜2回，飼い主が散歩に連れて行くときに杭から外されるほかは，イヌは繋がれたままであった．

これと同様に，動物園でも大型のインコやオウム，小型のサル，子どものクマなどを鎖で繋いで展示する方法があった．当時は，動物を間近に見られるということで人気があったようだ．しかし，この方法は安全性という観点から問題が多い．鎖を固定している杭を中心として，鎖の長さを半径とする同心円の内側に人が踏み入れば，人と動物は容易に接触できるわけで，馴致・調教を施して人によく慣れた個体でなければ危険である．特段の調教を施していない個体を，この方式で展示する場合には，その同心円のさらに外側に，円形の人留め柵を設けるか，監視員を配置する必要があるだろう．

さらにつけ加えるならば，インコやサルは，人と共通の感染症に対する感受性があるため，公衆衛生の面からも好ましくない．そして，何よりも動物愛護思想が，社会的に広く普及している現在においては，動物虐待の謗りをまぬかれない．そのため，常に繋いだままで展示するという方式は，現在の動物園では，ほとんど行なわれていない．

柵やフェンスで囲う

　地上性の哺乳類では，柵やフェンスで囲う「柵囲い式」が用いられる（写真1，2）．柵やフェンスに張る金網の素材や構造は，動物の種類によって異なる．基本的には動物に（来園者にも）壊されない十分な強度があるもので，できるだけ動物が見やすく，見栄えもよいということを基準に，予算や耐久性を加味して選ぶことになる．写真1のモウコノウマ舎では，金属製の支柱と横棒を組み合わせた牧柵タイプ，写真2のアリクイ舎で用いられているのは，金属製の枠に縦線と横線を直角に配列させ，その交点を溶接した溶接金網を張ったフェンスで，一般住居や公共施設の外周柵などにも広く用いられているデザイン・フェンスと呼ばれるタイプである．

　モウコノウマ舎の柵は，全体が内側に傾斜したつくりになっている．動物が柵を跳び越えようとする

写真1　モウコノウマ舎

写真2　アリクイ舎

とき，同じ高さの柵なら，手前にやや傾斜していた方が心理的な抑止力が大きく働くからである．アリクイ舎でも，フェンスの上部は同様に内側に傾いた構造になっているが，これもフェンスをよじ登って乗り越えようとするのを防止する効果がある．子どもが手をかけ，あるいは足を乗せ，体を乗り出している柵が人留め柵である．これは前述したように，第一義的には，動物から来園者を守るためのものだが，逆に動物を来園者から守るという意味もある．

最近ではめったにないことだが，かつては来園者が傘などで動物を突いたり，休息中の動物を起こそうとして，石を投げたりするということもあったという．現在では，故意にそのようなことをする来園者はほとんど見かけないが，動物舎の中にうっかりと持ち物を落としてしまうということはある．

また，来園者による給餌は，それが善意に基づくものであっても，動物の健康管理上，好ましくないのだが，現在でも多く見受けられる．単に動物に対する好意を示そうということなのか，動物の気を引いて近くに呼び寄せようということなのか，餌を食べている様子が見たいということなのか，動機はさまざまであろう．とにかく人は動物に餌をやりたがるようである．

 ## 地面を掘り下げる

哺乳類の中でも，クマ，アライグマ，サルなど，前肢が器用で木に登ることができる動物では，柵やフェンスで地上を囲っても，それをよじ登って乗り越えてしまう．柵やフェンスではなく，指をかける凹凸のない垂直な塀で囲えば，逃げられることはないが，それでは内側が見えなくなってしまう．一部に覗き窓を切って，そこに鉄格子や金網を嵌めれば，中を見ることはできるが，大勢の人が同時に見るには不適当である．

そこで，地面を掘り下げて深い「竪穴（ピット）」をつくり，その中に動物を放すという方法が用いられる．イメージとしては，水を抜いた深いプールのようなもので，その中に入れられた動物から見ると，四方が垂直で手がかりのない壁に囲まれた状態となる．このようなタイプの動物舎をピッ

ト式といい，来園者は池のコイを眺めるように，中にいる動物を上から見ることができる．

　このタイプの動物舎は，人が動物を見下ろすため，動物が人より劣った，下等な存在という印象を与えてしまうことが欠点とされる．この欠点を補ったものが「サル山」形式である．日本の動物園では，主にニホンザル（ときにアカゲザルやタイワンザル）を展示する動物舎として，広く普及している．これはピットのほぼ中央にコンクリートや擬岩の山をつくったもので，サルはこの山を登れるが，山の上からジャンプして，外に出られないようなつくりになっている．サルが山の上に登っているときには，逆に人が高いところにいるサルを見上げる形になる．また，配置を工夫して樹木を入れたり，ロープを張ったりすれば，床の面積に比してサルが行動できる空間が広がるので，比較的狭い面積でも多数の群れで展示できるメリットがある（写真3,4）．

写真3　サル山（外観）

写真4　サル山（擁壁）

檻をつくる

　柵やフェンスで囲うにせよ，竪穴を掘るにせよ，上が開いているのでは，飛翔力のある鳥類は飛んで逃げてしまうし，上から見下ろす形式では，やはり動物の姿や形を，いろいろな角度から見るには十分ではない．いろいろな動物に幅広く利用できる動物舎は，やはり「檻（ケージ）」である．このタイプには，いろいろな形があるが，基本的には鳥かごのように全体が金網のタイプ（写真5）と，来園者に面した部分が金網になっているタイプ（写真6）に大別できる．前者は鳥類を飼育展示する場合に多く用いられる．

　使用する金網の目は粗い方が見やすいが，動物が網の目を潜り抜けてしまうようでは論外だし，嘴や前肢など，体の一部が網の目から出るようだと，場合によっては危険である．ツルやコウノトリのように嘴が長い鳥では，金網の目のサイズが中途半端だと，嘴が突き刺さった状態で抜けなくなることもある．また，サル類やネコ類で前肢（手）が自由に抜き差しできるサイズだと，来園者が手を引っ掻かれて怪我をすることもある．また，強度を高めるには，素材となる金属線が太く，網の目は細かいほどよい．

　写真5は多摩動物公園のコウノトリ舎だが，野球場のバックネットにも使用されているので，読者もお馴染みのひし形金網が張ってある．目が粗いので見やすく，鳥の嘴が刺さって抜けなくなることもなく，強度も十分である．

写真5　コウノトリ舎

写真6　ユキヒョウ舎

写真6は多摩動物公園のユキヒョウ舎だが，園路に面した前面は溶接金網を用いており，金属線の隙間からユキヒョウが前肢を突き出すことはできない．この動物舎は人留め柵が低く，フェンスまでの距離が短いので，安全面での配慮が優先されている．人の手が届かない天井部分はひし形金網である．

このタイプの動物舎は，動物を比較的近くで見ることができる利点がある．また，動物の出す臭いや音，鳴き声も伝わってくるので，動物と同じ空気を吸っているという感覚を体験でき，動物に対する親しみを増す効果もあるようだ．しかし，大型で力の強い動物を展示する場合，強度を保つために太くて頑丈な金網や鉄格子などを使用した場合，それ自体の存在感が大きくなって，「動物が閉じ込められている」という感じが強くなってしまう．また，肉眼で見ているときには，さほど目障りにならなくても，動物の写真を撮る人にとっては，金網が邪魔になることも多い．

 ## 堀で囲う

「柵囲い」にせよ，「檻」にせよ，動物を逃がさないための柵の支柱や横棒，フェンスに張った金網が，視覚的な障壁になることは否めない．そこで，柵やフェンスの代わりに，堀で囲う方式が考案された．この堀は，空堀（壕）の場合と水堀（濠）の場合があるが，総称してモート（moat）と呼んでいる．

　水堀でも空堀でも，その幅は動物が跳び越えられない程度の距離が必要となる．空堀の場合，動物が堀に転落して，死んでしまっては困るし，動物の転落防止のために柵を設けたのでは意味がない．そのため，動物が堀の中に降りられるように，かつ動物が堀の壁面をよじ登って，来園者側に逃げられないようなつくりにしなければならない．クマのように，後肢で立ち上がることができる動物では，堀の縁に前肢が届く高さでは逃げられて

しまうので，それ以上の深さが必要である．また，来園者側の壁面は垂直で，手がかりとなる凹凸のないものでなければならない．

写真7　ヒグマ舎（外観）

　写真7は，ヒグマ舎を観覧通路側から見た景観を示している．一番手前に人留め柵，その向こうに植栽があるのがわかる．これは来園者が誤って転落するのを防ぐためである．写真8は植栽の中から，堀の様子を写したものである．堀の縁にも柵があるのが見える．また，奥の方は階段になっていて，クマはそこから堀の中に降りられる．実は，これはクマのためのものと

写真8　ヒグマ舎（堀が見える）

写真9　チンパンジー舎

いうより，飼育係が清掃するときに，堀の中に降りられるようにするためである．

　このタイプの動物舎は無柵放養式と呼ばれ，現在の多くの動物園で採用されている．写真7を見るとわかるように，視界を遮る鉄格子や金網がなく，動物が閉じ込められているという閉塞感はないが，堀や植栽，人留め柵のために広い面積を要するので，人と動物との距離がかなり遠くなってしまうのが難点である．写真9はチンパンジー舎である．一般にチンパンジーは水を嫌い，泳げないとされているので，水堀が用いられている．堀の幅はチンパンジーが跳び越えられない距離をとっており，深さも背が立たない程度になっている．また，写真では見えないが，動物側の堀の縁には，電気柵も設置されている．電気柵とは，細いワイヤーに高圧で低電流の電気を流すもので，これに触れると動物は激しいショックを受ける．そのため，以後は学習効果により，動物が柵に近づかなくなるというものである．

 ## 覗き窓をつくる

　ピット式動物舎のところで，柵やフェンスではなく，塀で囲う場合には，どこかに窓を開けなければ，中の様子が見えないし，窓では大勢の人が一度に見ることができない，と述べた．しかし，動物舎に隣接して小屋のような構造物（ヴューイング・シェルター）を設け，動物舎とヴューイング・シェルターを隔てる壁面にガラス（またはアクリル）の窓をつくり，そこから中を覗く形式も広く用いられている．

　写真10は多摩動物公園のユキヒョウ舎だが，先に紹介した広いケージ式

写真10　ユキヒョウ舎の覗き窓

の動物舎のほかに，それより少し狭い動物舎があって，こちらはヴューイング・シェルターを用いている．シェルターは，周囲からの光がガラス面に差し込み，反射して鏡のようになってしまうのを防ぐとともに，狭い空間から，ガラス窓を通じて動物舎内を覗く形式にすることで，屋内から開けた屋外を眺望するような錯覚を与え，動物舎をより広く感じさせる効果がある．この形式は，覗き窓の前に到達するまでの順番待ちの間にも，別な角度から動物が見えるように，他の形式と組み合わせて用いることが多い．

　ここまで，動物の逃走防止と，人と動物の安全確保という機能を保持しつつ，動物が見えるようにする方法として「繋留」，「柵囲い」「竪穴（ピット）」，「檻（ケージ）」，「無柵放養式」の4つのタイプを紹介してきた．このような観点から，動物を見るだけでなく，動物舎のつくりを見て，その意味を考えてみるのも面白いかもしれない．

2. ソフト面

　動物園における動物の展示とは，なによりもまず，「生きたまま」の動物を見せるという「生体展示」であり，いろいろな「姿や形」を見せるという「形態展示」である．そして，生きたままの動物を逃がさぬようにして，その姿や形を見せるためのハードが動物舎ということになる．それでは，動物を展示するためのソフトとは何だろうか．それは，何をどのように見せるのか，すなわち，展示の「見せ方」の問題と捉えることができる．

 ## 展示する種の構成と配列のテーマ

　「何をどのように見せるのか」という観点から，展示する種の構成と配列のテーマによって，次の5つに類型化することができる．これは1968年にアメリカで刊行された“Zoological Park Fundamentals（動物園の基礎）”に記載されているもので，現在でも動物園の展示について考えるときには，しばしば引用されるものである．

①系統分類学的テーマ（Systematic Themes）

　たとえば，「類人猿舎」と称してゴリラ，オランウータン，チンパンジーを並べて配置したり，「ツル舎」と称してタンチョウ，マナヅル，ナベヅルを並べて配置したりするなど，系統分類学に基づいて，近縁な種を集めて配列する方法をいい，多くの動物園で一般的に採用されている．特定の分類群の動物を集め，1つの建物内で展示する「爬虫類館」とか「昆虫館」というような施設も，これに含まれるだろう．

②動物地理学的テーマ（Zoogeographic Themes）

　園内をいくつかの区画にわけ，それぞれの区画ごとに，同じ動物地理区に分布する種を集めて配列する方法だが，実際にはアフリカ産，北アメリカ産の動物というように大陸別にわけたり，ヨーロッパ産やアジア産の動物というように地域別にわけたり，日本産とか中国産の動物というように国別にわけたりする．

③生息地別（または生態学的）テーマ（Habitat or Ecological Themes）

生息地タイプが同じ動物を集めて配列する方法．生息地タイプの区分は，熱帯や寒帯などの気候帯による区分，森林や草原などの植生による区分，水辺や山岳などの地形による区分などがある．

④行動学的テーマ（Behavioral Themes）

共通の習性や行動上の特性を持つ種を集めて配列する方法だが，実例は少ない．夜行性の動物を1つの建物に集め，昼夜を逆転させて展示する「夜行獣館」が例として挙げられる．

⑤ "大衆的" テーマ（"Popular" Theme）

①から④のいずれにも当てはまらず，一般的な人気や知名度が高い動物，言いかえれば集客力のある動物を中心に展示する方法である．

見せる側として，このようにテーマを定めて動物園の敷地を区画し，動物種（実態としては動物舎）を配列する意義は，ここにいるのはネコ科の動物なんだな」とか，「アフリカには，こういう動物がいるんだな」というように，来園者がテーマに沿った形で体系的に動物を見るように促すということにある．一方，見る側としては，自分が見たい動物がどこにいるのかを探しやすいという利点があるだろう．

実際の動物園では，これらの5つのテーマを複合的，重層的に組み合わせて採用している．たとえば，多摩動物公園では，園内をアジア園，アフリカ園，オーストラリア園に区分する動物地理的テーマを採用するとともに，アジア園内を「アジアの山岳」，「アジアの沼地」などに区分して生息地別テーマも取り入れている．また，パビリオン式の「昆虫生態園」もあり，系統分類学的テーマによる展示も行なっている．

 ## 展示種数を増やす

1950〜60年代の日本では，ゾウやキリン，ライオンなどの動物が「生きたまま」眼の前にいる，というだけで，来園者にとって十分に魅力的であったろう．しかし，動物園が日本の社会に普及，定着していくに伴い，動物

園に「生きたまま」の動物がいるのは当たり前のこととなり,「初めて見る動物」は, やがて「見慣れた動物」になる. こうした展示の陳腐化に対して, 動物のいろいろな「姿や形」を見せるという発想から展示の改善・充実ということを考えると, 必然的に導き出されるのは, これまでは入手または飼育が困難で, 動物園では展示されていなかった珍しい動物を見せよう, という方向性である. そこで動物園は展示する動物の種数を増やすことに努力するようになる.

ことに1972年に日本で初めて, 上野動物園にジャイアントパンダが来園し, その翌年の年間入園者数が700万人超を記録したことにより,「客寄せパンダ」という言葉ができ, 日本の主要な動物園は, 競って珍しい動物を収集するようになった. 前述のカテゴリーに当てはめれば, "大衆的"テーマによる動物収集が, 展示改善のための有力な手法として用いられるようになった. 今までに見たことのない珍しい動物を見てみたい, という来園者の素朴なニーズは強く, こうした傾向は野生動物の輸入が非常に困難になってきている現在でも, 依然として続いている.

● ランドスケープ・イマージョン ●

生きたままの動物の「姿や形」を見せることに主眼が置くならば, 動物舎は単なる「ショー・ケース」に過ぎないということになる. 1980年代のアメリカの動物園では, 動物舎を単なる「ショー・ケース」としてではなく, 動物の生息環境を再現する「舞台」と考え, 舞台と動物が一体となった「景観」を見せようとする展示手法がブームになっていた. これをランドスケープ・イマージョンという. ランドスケープは「景観」, イマージョンは「浸漬」という意味で, 来園者の視界から人工的な構造物を徹底して排し, 擬岩や擬木をふんだんに用いて, できるだけ「自然に近い」景観を再現し, あたかもアフリカのサバンナや森林に出かけて行って, ライオンやゴリラを見ているような気分にさせるというものである. この展示手法は, 日本では「生態展示」と呼ばれ, 1999年に開園した横浜市立横浜動物園（ズーラシア）は, この展示手法を取り入れた代表的な動物園と言えるだろう.

　しかし，子供たちに動物の実物を見せ，その姿形や大きさを実感させたい，という来園者には，動物までの距離が遠くなって，大きさが実感しにくく，動物が景色の中に溶け込んで見つけにくいという点で，この展示手法に不満を感じる人も少なくないようだ．また，動物園側にとっても，ハードの整備に多額の経費を要するため，容易に採用できる手法ではないため，ズーラシアのほか，大阪市の天王寺動物園や東京都の上野動物園など，いくつかの大都市の動物園で取り入れられているが，日本では広く普及するということはなかった．

 ## 行動展示

　2002年頃から，北海道旭川市の旭山動物園で，17ｍの高さの塔を渡るオランウータンや，円柱型の水槽を往来するアザラシなどが人気を集め，これらが「行動展示」として全国的に広く知られるようになった．行動展示とは「動物本来の行動や能力を見せる」ということに主眼をおいた展示手法であって，この場合には，動物舎は単なる「ショー・ケース」ではなく，

オカピ

そうした行動や能力を効果的に引き出すための「装置」でなければならない．したがって，形だけ旭山動物園をまねた動物舎であっても，動物本来の行動や能力をうまく引き出すことができていなければ意味がない．

　生態展示（ランドスケープ・イマージョン）にせよ，行動展示にせよ，動物舎の構造設備に単なる「ショー・ケース」としての役割以上の機能を付与することによって，展示のメッセージ性を強化しようとする試みであるといえる．今後は，展示種数を増やしてコレクションの量的充実を図るのではなく，野生動物の輸入が非常に困難になっている現在，既存のコレクションをどのような切り口で展示し，どんなメッセージを発信していくか，個々の動物舎における展示の「演出」が重要になってくるであろう．

ボルネオオランウータン

5

動物を増やす

1. 動物園で増やす

 ### 動物園の役割変化

　明治15年（1882）3月20日，日本で最初の動物園である上野動物園は農商務省所管の博物館付属施設として誕生した．その後，日本各地に動物園が設立されたが，動物園の運営は娯楽施設としての機能に重きがおかれ，生きた資料を扱う博物館として研究や教育の機能は置き去りにされてきた．鹿鳴館と同じように外見は欧米並に整えたが，実学優先の時代の中で動物園の科学的な機能について取り上げられることはなかった．

　第二次世界大戦が終わり，世の中が落ち着きを取り戻すと，動物園の行なう教育活動や自然保護活動の重要性について人々の目が向けられるようになった．欧米の動物園では戦後から1970年代後半に至るまで，動物園の役割として次の事項が挙げられていた．

1. 収集した動物の飼育展示を通して，来園者に知的な娯楽を提供するレクリエーションの場
2. 自然認識の場
3. 動物学に関する教育活動の場
4. 動物学や野生動物医学に関する研究の場

5. 飼育繁殖動物の野生復帰などを通して自然保護に寄与する場

　これらの機能は日本の動物園にも潜在的に備わっていたが，現実にはレクリエーション施設としてのみ社会から認知され，動物園側もそのことに甘んじ，楽しいレクリエーション施設として運営されていた．動物園の現場では，レクリエーション以外の活動も行なわれていたが，個人的な努力に負うところが大きく，組織的に位置づけられた活動はわずかであった．

　希少動物の繁殖や環境教育の場として動物園がもっと機能すべきと社会から要請されるのは，森林破壊や地球の温暖化など地球環境の現状に人々が危機感を抱くようになった1980年代に入ってからである．1992年にブラジルのリオデジャネイロで開催された地球サミット（環境と開発に関する国連会議）で生物多様性条約が採択された．この時代背景をもとに，1980～1990年代にかけて環境教育と希少動物の飼育繁殖を2本柱とする動物園運営が，日本も含めた世界の動物園の共通認識となった．生物多様性条約を受けて1995年に策定された我が国の生物多様性国家戦略（2007年に第3次生物多様性国家戦略が閣議決定された）においても，動物園等は野生動植物の域外保全に資することのできる機関であると明記された．

 ## 域内保全と域外保全

　「域内保全」，「域外保全」，ともに耳慣れない言葉である．本来の生息地内での野生動物の保護活動を「域内保全」と呼ぶのに対し，動物園など生息地外での保全活動を「域外保全」と呼ぶ．域外保全活動は，野生では絶滅しても生息地域外で動物が生き続ければよいとする "生体博物館" のコレクションを増やす活動ではない．域外保全で増えた個体を，本来の生息地に戻し，野生下で健全な自立した繁殖群を確立することを念頭においている．

　現在，69億人が地球上に暮らしている．毎日22万人が新たに増え続けていることから，2050年には人口が91億人に達すると推定されている．このような急激な人口増加に伴って，農耕地を作るため森林が開発されている．加えて，狩猟，密猟，外来種の影響などで，絶滅の危機にある動物種は増

加の一途をたどっている．国際自然保護連合（IUCN）が発表した野生生物の生息状況を示すレッドリストに2009年版よると，ほ乳類の21％，鳥類の12％，は虫類の28％，両生類の30％が絶滅の危機にあるという．

　今の状態を手をこまねいて見ているだけでは，早晩，多くの野生生物が地球から姿を消してしまうであろう．生物の一員である私たち人類もその例外ではない．このような状況のもと，動物園は単に動物を展示する，あるいは珍しい動物の繁殖に取り組むということから，戦略性を持って野生動物保全の大切さを来園者に積極的にアピールするとともに，野生動物の飼育繁殖技術をその保護に積極的に応用することに軸足を移しつつある．

 ## 域外保全の場としての動物園

　野生動物は人間活動の直接的・間接的影響で急速に減少している．生息地の破壊，外来種，土地の過剰利用，環境汚染などのほか，最近は地球温暖化に代表される地球環境の変化も大きな問題となっている．北極が暖かくなって氷が溶け，氷の上を獲物を追って渡っていたホッキョクグマが，移動できる氷がなくなり力つきて溺死するというニュースに驚かれた方もいらっしゃることであろう．

　野生の個体の減少がある臨界点をすぎると "絶滅の渦巻き" に巻き込まれ，絶滅に向かってまっしぐらに進むことになりかねない．生息地の消失，

汚染，過剰利用，外来種の影響などにより，野生個体群は小さく分断され他の群から孤立するが，その結果，繁殖相手が限られることになり，近親交配が進行して遺伝的多様性が減少する．その結果，近交劣化といって環境への適応力や病気への抵抗

性が弱まり，生存率や繁殖率が低くなるといった弊害が現れる．そのことはますます個体群を小さくする方向に向かい，生まれてくる子どもの性比のアンバランス，感染症の流行，環境変動，台風や干魃といった自然災害，あるいは内戦や戦争といった影響を強く受けて個体群の縮小がさらに進行する．この現象は絶滅に向かって渦巻きのように突き進んで行くように見えることから，“絶滅の渦巻き”と呼ばれている．

このような状況において，動物園は次のようなことで貢献したいと思っている．

1. 絶滅のおそれのある動物に緊急避難の場所として，寝場所と食糧を提供し，獣医学的管理を行なう．
2. 生息環境が改善されるまで，世代を継続する．
3. 野生復帰ができるように遺伝的管理を行なう．

域外保全を行なう目的は，野生絶滅に対する保険である．飼育下で世代が交代することで，生息環境が改善された場合に飼育繁殖個体を野生復帰に用いることができる．また，飼育することで，野生個体群に役立つ研究を行なったり，展示や日頃の普及活動を通して市民に保全の必要性を知らせることができる．

域外保全を行なうにあたり注意すべき点は，飼育個体群は個体数が少ないという現実である．しかし，適切な管理を行なうことで野生下に動物がおかれた場合に比べ，個体群が縮小する危険を少なくすることは可能である．

国際自然保護連合（IUCN）は，野生個体数が1,000頭を切った時点で域外保全に取り組むことを推奨している．域外保全のために野生個体を飼育下に導入する場合，人の影響が無視できないほど大きく，絶滅の危機が迫っていることが導入是非の判断基準となる．導入が決まれば，研究者，行政，地元住民などその野生動物種と関わる人々と連携し，域内保全と密接な関係を持って保全活動を進めることになる．域外保全の対象としている種の近縁種での事例があれば，その事例が飼育するうえで参考になる．

【コラム】トキと動物園

　2007年12月，佐渡トキ保護センターから２つがいのトキが多摩動物公園に来園した．環境省がとった高病原性鳥インフルエンザ等の感染症にトキが感染した場合を考えての危険分散処置である．多摩動物公園がトキの受け入れ施設に選ばれたのは，半世紀以上に渡る上野動物園，井の頭自然文化園，多摩動物公園の３都立動物園のトキ保護に対する地道な貢献が評価されたものであろう．

　トキと動物園の最初の関わりは昭和28年（1953），佐渡でトラバサミにかかって負傷したトキが上野動物園に保護収容されたことに始まる．昭和40年代初期，都立３園にはトキ保護を研究する組織を横断した自主的なグループ「トキ保護実行委員会」が存在していた．そのこともあってか文化庁は都立３動物園に「トキの保護増殖に関する調査研究」を委託した．委託期間は昭和43年〜48年の５カ年で，トキ用人工飼料の開発，飼育下におけるトキ類の繁殖，臨床知見の集積が委託研究の内容であった．続いて昭和46年（1971），新潟県は都とトキの健康管理と飼育管理に関する協力について契約を結んだ．この契約に基づいて，都立動物園のノウハウを佐渡のトキ飼育に活用する公的ルートが確立し，定期的に動物園の獣医師と飼育職員が佐渡トキ保護センターに出向いて直接，助言を与えることになった．この関係は現在も続いている．

　多摩動物公園では昭和33年（1958）のクロトキ飼育から始まり，現在までにショウジョウトキ，シロトキ，アンデスブロンズトキ，ムギワラトキ，カオグロトキ，ホオアカトキ，ハダダトキのトキ類８種の飼育繁殖を手がけてきた．これらのトキ類を飼育することで得られたさまざまな知見は，佐渡トキ保護センターでのトキ飼育にフィードバックされている．さらに，1990年代には中国から研修生を引き受け，動物園でのトキ類飼育技術を学んでいただいた．

　多摩動物公園が佐渡以外で初めてトキを飼育することになった背景に以上のような都立動物園のトキ類飼育に関する経験の積み重ねがあった．2007年末に来園した２つがいのトキは，翌年の2008年春に繁殖し，合計８羽の雛の巣立ちに成功した．多摩で孵化したトキは2008年11月，佐渡に里帰りし，一部は放鳥訓練の後，2009年秋に佐渡の空に放された．東京生まれのトキが野生下で二世誕生に貢献する日もそう遠くないといえそうだ．

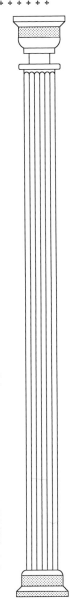

動物園で増やす

東京都は1989年からズーストック計画と題して，都立動物園が分担して繁殖に取り組む動物種を選び，組織的な繁殖計画を推進している．もちろん希少動物の飼育繁殖は東京の動物園だけでできる仕事ではない．日本動物園水族館協会（JAZA）や国際動物園水族館協会（WAZA）の希少動物繁殖計画と連携して仕事を進めている．

動物園で飼育している動物を通称，動物園動物と呼ぶが，そのほとんどは野生動物である．かつて，野生動物の捕獲について英雄的なあこがれを持って語られたが，現在では，動物園といえども，展示のために野生動物を捕獲することは珍しいこととなった．上野動物園で飼育されている家畜以外のほ乳類の状況は，飼育繁殖個体8割，野生由来個体1割，飼育繁殖か野生由来か不明な個体1割である．多くの動物園でも上野動物園同様，飼育繁殖個体が過半数を占めていると考えられる．これは地球規模での環境破壊で自然に対する人々の意識が変化し，動物園で展示するために，野生動物を捕獲することに対して共通理解が得られなくなっていることが挙げられる．また，上野動物園が開園した1882年から計算すると一世紀を越える長い動物園の飼育経験と技術の蓄積で，多くの種で飼育繁殖が可能となり，あえて野生から捕獲する必要がなくなったこともあるであろう．交通手段の発達により，ゾウですら航空機で世界を簡単に移動できるため，国際協力による飼育繁殖計画も盛んに実施されるようになってきた．

国際協力による繁殖作戦として，ジャイアントパンダの取り組みを紹介しよう．上野動物園はジャイアントパンダのメス・トントンが2000年7月に消化管の腫瘍で亡くなりオスのリンリンが残された．一方，メキシコ市立チャプルテペク動物園ではメス3頭の飼育が続いていたが，オスがいないため独力では繁殖が望めなかった．幸い，サンディエゴ動物学協会の協力が得られ，上野，チャプルテペク，サンディエゴ3者の協働作業により，パンダの飼育繁殖に取り組む契約が2000年暮れに調印された．期間は5年である．契約期間中，日本とメキシコ間をパンダや3園関係者が行き来した．期

待されて交配のためメキシコに出張したリンリンだったが，性格がおとな
しいこともあり，発情期にあるメスが近づいても積極的な態度は見られず，
交配することはなかった．自然交配をあきらめ人工授精に切り替えたが，メ
スの妊娠には至らなかった．メスのテリトリーに入ったことがリンリンを
怖じけづけさせたのかもしれないと考え，場所を変えてリンリンのホーム
グランドである上野動物園で見合いを行なうことにした．メスをメキシコ
から受け入れたが，メスとの相性の悪さは変わらなかった．自然交配の試
みに続いて上野でも人工授精を行なったが，やはり繁殖には至らなかった．
しかし，人工授精の技術，交配適期の見つけ方，麻酔の仕方など，3カ国の
動物園関係者が互いに学ぶ機会となるとともに，今後に続く人脈を作るこ
とができた点で大きな成果が得られた．

写真1　チャペルテペク動物園（メキシコ）に旅立つジャイアントパンダのリンリンと見送る
　　　飼育係

域外保全を支える個体データの管理

　かつて，私の動物園ではこんな珍しい動物を飼育し，繁殖に成功したと各園が競って宣伝した時代があった．よその施設を出し抜いて，たくさんの動物種を集めて展示するため大艦巨砲主義と揶揄された．現在では，個々の動物園で飼育されている動物を動物園の枠を越えた一つの飼育個体群とみなし，血統を管理しながら互いに動物を交換し，よりよい繁殖成果をめざす姿勢に転じている．そのためには世界のどこの動物園にどのような動物が飼育されているか，その動物の血統はどうかという情報が効果的な飼育繁殖計画に欠かせない．

　この目的のため構築されたのが，第3章で紹介した飼育動物のデータベース，国際種情報機構（ISIS：International Species Information System）である．現在，ISIS（アイシスと読む）は73カ国の動物園・水族館735施設に導入され，日々の飼育管理や希少動物の飼育繁殖に活用されている．15,000分類群10,000種，200万個体の年齢，性別，血統，出生場所，死亡状況など生物学的な基礎データが蓄積されている．使用言語は英語であるが，ホームページ（http：//www.isis.org/CMSHOME/）が公開されているのでのぞいてほしい．ホームページからAnimals＞find animalsとたどっていくと，知りたい動物がどこの動物園で何個体飼育されているかわかる．アイシスの負担費用が比較的高額であることと使用言語が英語であることから，日本の動物園水族館の加盟は10施設に留まっている．世界に動物展示施設はおよそ1,000カ所あると言われている．日本には2010年現在，日本動物園水族館に加盟している動物園だけでも89園，水族館67館，合計156園館あることを考えると，アイシスへのさらなる加盟を促進して，世界全体で飼育個体群の血統管理を行なうことに協働していくことが必要である．アイシスの個体データ管理プログラムはDOS上でしか動かない使い勝手も悪いものである．ウインドウズやマックに慣れた人々にとって時代遅れの感が強いが，ウエブ上で使用できる多言語対応のソフトが作られつつある．新しいソフトは動物情報管理システム（ZIMS：Zoological Information Management System）と命名されており，飼育動物のデータを日本語で入力できるように改善されている．加入費用の問題は残るが，ジムス（ZIMS）の運用とともに日本の多くの動物園がアイシスに加盟し，世界の動物園と情報を共有しながら域外保全に貢献してほしいと期待している．

2. バイオテクノロジーの応用

　動物を増やすには，雄と雌が必要である．外見からは性別が不明な動物も多く，繁殖のために性別を確認する作業がまず，必要となる．しかし，雄と雌がいるだけでは増えない．ともに性的に成熟している必要がある．年齢が低くすぎても増えないし，高すぎても増えない．そうは言っても外見から動物の年齢を判断することは困難な場合が多い．

　正常な性行動がとれることも重要である．生理的には健康でも交尾の仕方がわからないため，子供をつくれない場合がある．類人猿によく見られるケースであるが，人に育てられた動物は仲間とのコミュニケーションがうまくとれない．チンパンジーは成長過程で仲間とのコミュニケーションの仕方を学ぶが，人に育てられるとその機会を欠く．その結果，性成熟しても交配相手と交尾に到る経過をたどることができない．また，交尾の仕方自体がわからない場合もある．

　相性の問題もある．繁殖できる生理状態にある雄と雌を同居させれば，多くの場合，交尾行動を行なうが，雌が交尾を拒否し，雄が近づこうとすると攻撃をしかけるか，逃げようとする場合がある．ニホンコウノトリやジャイアントパンダをはじめ，多くの動物種で相性の問題が認められている．雄や雌を複数個体飼育し，交配相手を選ばせることが解決方法となる．相性がよくても，雄の後肢が悪く物理的に交尾姿勢がとれない場合もある．

　このような場合，バイオテクノロジーを応用して性別判定や人工授精，性ホルモンの測定などを行ない動物が増える手助けをしている．多摩動物公園は2006年に野生生物保全センターを発足させ，専門スタッフが希少動物繁殖のための技術的支援を行なっている．同センターは多摩動物公園に設

置されたが上野動物園，井の頭自然文化園，葛西臨海水族園を含めた都立
4施設における保全活動の調整役も担っている．

DNA分析による性別判定

　最近，後ろ姿を見ると男性なのか女性なのか判断に迷う場面に出くわすこ
とがある．野生動物の場合はなおさら困難である．ほ乳類なら生殖器が外
部に現れる種類が多いので，性判別は比較的容易であるが，鳥類は雌雄の
外見が似ている種が多い．飼育繁殖させるうえで，繁殖に用いる個体の性
別情報は欠かせない．性判定には，白血球や骨髄を用いて染色体から性別
を判定する方法がかつて主流であった．性染色体を直接見つけるこの方法
は，判定までに時間がかかることや微少染色体が多数みられる鳥類ではそ
の扱いに困難を伴うといった欠点があった．

　繁殖期になると雄はテストステロン，雌はエストロジェンが増えることを
利用し，糞中に排泄される性ホルモンの代謝産物を測定する方法も用いら
れた．この方法は動物に直接触れる必要がない利点があるが，繁殖状態に
ある動物にしか応用できない．最近は抽出した性染色体に関係するDNAの
特定部分をPCRという方法で増幅させ，性判別する方法が用いられている．
鳥類の性染色体は雄ZZ，雌ZWで雌がヘテロ，ほ乳類の性染色体は雄XY，
雌XXで雄がヘテロである．そこで鳥類では雌しか持っていないW染色体，
ほ乳類では雄しか持っていないY染色体由来のDNA領域の一部を増幅して
その有無により性判別を行なう．検査材料は主に血液を用いるが，鳥類は
卵殻に残る血管や抜け落ちた羽軸，哺乳類は毛根のある毛や口腔粘膜でも
よい．動物にあまりストレスを与えずに検査材料を採取することができる
利点も大きい．

冷凍動物園

　2005年，愛知万博でシベリアの永久凍土から掘り起こされた氷づけのケ
ナガマンモスが展示された．2006年には東京でもケナガマンモスの展示が
行なわれ，1万年前に絶滅した姿を見ることができた．近年，冷凍動物園を

写真2　冷凍動物園
液体窒素の容器に精液が冷凍保存されている.

併設する動物園が増えている. 冷凍動物園の名前からは冷凍マンモスのように氷づけした動物を展示する施設のように思われるかもしれないが, そうではない. いろいろな動物の精子や卵子, 受精卵から発生した胚, 皮膚などの細胞を継代培養したものをマイナス196度の液体窒素で冷凍保存する施設である. 施設といえる大規模なものもあるが, 動物園におかれる冷凍動物園は大きな魔法瓶のようなものである. 動物園とはいうものの, 市民への公開を前提としていない. 冷凍された生殖細胞などは, 将来, 必要に応じて解凍され, 人工授精や胚移植, クローニングなどに応用される. 最近では保存対象が動物のDNAにまで広がっている.

　冷凍動物園はさまざまな面で利点がある. 体重が4トン以上もある巨大なゾウを繁殖させる場合, 輸送ケージに慣らすための訓練, 輸送に使う飛行機の手配, 輸送中のストレス対策, 輸送費, 検疫, 新しい飼育環境への馴化, 交配相手とのお見合いなど, 交配に至るまでに乗り越えなければならない課題が山積している. 大変な労力と費用を必要とする.

　冷凍動物園は病気を伝播する可能性も少ない. 各国に検疫制度があると

はいえ，多くの国で野生動物の検疫は家畜の検疫レベルに達していないようだ．1980年代からイギリスの動物園動物において海綿状脳症が問題となっていた．牛海綿状脳症に感染した牛を動物園動物の餌として与えていたためである．イギリスの動物園からフランスの動物園に繁殖のために貸し出されたチーターが，フランスで海綿状脳症を発症した．繁殖のためとはいえ，希少動物の移動が時として感染症をよその国に伝播させる危険を持つことも起こりうるのだ．

　一方，冷凍動物園の液体窒素に保存された生殖細胞なら，餌を与える必要もなく，液体窒素の補充だけでよい．維持費も安く，半永久的に保存が可能である．移動も生きた動物の輸送に比べると，液体窒素を入れた魔法瓶1つでよく．簡単で，安全，コストも安い．

　遺伝子の多様性を守る点からも多くの利点がある．自然交配では相性の問題があり，雄と雌を引き合わせても，思うように交尾してくれるとは限らない．しかし，人工授精を行なえば，相性の問題を無視できる．前述したとおりジャイアントパンダの繁殖に人工授精を必要とするのも，雄と雌の相性が合わないためである．足が不自由で物理的に交尾ができないといった場合も，人工授精を行なうことで，その個体が持つ遺伝情報を有効に活用できる．繁殖に使える個体群が小さいと，飼育繁殖を重ねることで，近親交配の弊害が現われてくる．このような場合も，遺伝情報が豊かな祖先個体の凍結生殖細胞を融解して繁殖に用いることで，再び遺伝的多様性を高めることが可能となる．時計の針を前に戻すようなものである．

　動物種により生殖細胞の凍結に対する抵抗性に差があるが，それぞれの種にあった凍結方法が十分に確立されていない問題もある．ヒトやジャイアントパンダの精子は凍結に対する抵抗性が強い．しかし，ヒト科のゴリラの精子は，凍結に対しとてもデリケートである．また，麻酔したゴリラから電気刺激で精子を採取しようとしても受精能力がとても低い精子しか採集できない．精子の採集方法や凍結保存方法に，さらなる研究が必要である．

　世界の動物園でも，生殖細胞の凍結保存が行なわれている．最も活発な冷

凍動物園は，米国サンディエゴ動物園にある冷凍動物園であろう．この施設は25年の歴史を持ち，7,600個体の細胞が保存されている．そのほとんどは，ほ乳類であるが近年は鳥類や，は虫類の細胞保存に力を注いでいるという．英国自然史博物館は2004年7月からロンドン動物学協会やノッティンガム大学の協力を得て「冷凍方舟」の名前のもと，国際自然保護連合IUCNの希少動物リストに従い，絶滅の危機にある動物のDNAや組織サンプルを収集し，冷凍保存する活動を開始した．冷凍動物園ではなく「冷凍方舟」と命名するだけあって無脊椎動物から脊椎動物まで広範にわたる動物種のDNA保存をめざしている．世界各地に冷凍動物園が増えていくことは，貴重な細胞が複数箇所に分かれて凍結保存されることで，危険分散の意味からもよい傾向である．今後，取り組むべきは，どの動物種のどんな細胞がどこに保存されているか，利用しやすいデータベースを構築し，情報を共有化することである．

3. 生息地での保全を支える

　動物園が行なう域内保全活動には，動物園職員が直接，希少動物の生息地で保全活動に従事する場合もあるが，飼育することで得られた知見を生息地での保全に活用する，動物園の観客に希少動物の展示を通して保全を訴える，シンポジウムや講演会を開催する，募金活動により保全活動を財政面から援助するといった間接的な方法で生息地での保全を支える取り組みが多い．その中から昆虫，両生類，鳥類，哺乳類の例を紹介しよう．

 ## オガサワラシジミ

　オガサワラシジミは小笠原固有のシジミチョウである．戦前から1970年代にかけて小笠原諸島で普通に見られた種であったが，1980年以降急速に姿を見かけなくなり，小笠原諸島の父島では1992年以降生息が確認されていない．母島では2001年から2003年にかけて未確認であったが，2004年に再確認された．オガサワラシジミは1969年に国の天然記念物に指定され

写真3　オガサワラシジミの産卵行動

て保護の手が打たれたが，環境省2000年版レッドリストではこのままでは絶滅のおそれの高い絶滅危惧種Ⅰ類に位置づけられるほど激減してしまった．小笠原に持ち込まれたトカゲの一種，グリーンアノールによる食害，小笠原固有の植物でその花芽が幼虫の餌となるオオバシマムラサキやコブガシが大型台風で被害を受けたこと，これらの食樹が外来植物であるアカギの繁茂により圧迫されていることなどが減少理由として挙げられている．

　グリーンアノールはアメリカ合衆国南東部原産のトカゲである．父島には1960年代，母島には1980年代に侵入したと推定されている．産卵に訪れるオガサワラシジミのメスや幼虫を捕食することから，オガサワラシジミの生存を脅かす大きな要因となっている．食樹の幹に忍び返しをつけてグリーンアノールが木に登れないようにしたり，粘着性の強いゴキブリ捕獲器を応用してグリーンアノールの捕獲が行なわれている．アカギは，東南アジア原産のトウダイグサ科の常緑高木である．明治時代にサトウキビから砂糖をとるための燃料として小笠原に導入された．産業としてのサト

ウキビ栽培は戦後衰退したが，繁殖力が旺盛なアカギは放置されたため，幼虫の食樹であるオオバシマムラサキやコブガシの生育を脅かしている．

　2005年にオガサワラシジミの生息状況に危機感を持つ人たちが集まり，オガサワラシジミ保全連絡会議を組織した．メンバーは博物館，保護団体，動物園，東京都，環境省，農水省などに所属している人たちである．保全連絡会議ではオガサワラシジミの生態調査，天敵駆除，食草調査，外来植物の駆除，飼育繁殖について検討を行なった．現地の小笠原では2006年に有志によるオガサワラシジミの会が発足し，保全連絡会議と連携して生息地の整備や密猟防止活動を進めている．東京動物園協会はオガサワラシジミの会のアカギ駆除に協力し，駆除に必要な道具購入のための資金援助，オガサワラシジミ密猟防止ポスターの作成などを行ない，生息地での保全を間接的に支えている．

　多摩動物公園ではオガサワラシジミの飼育繁殖の取り組みが始まっている．2006年に小笠原から多摩動物公園に運んだ雌が産卵し，羽化したチョウが交尾して受精卵を産んだ．この卵は成虫に成長したが，食樹が十分に確保できなかったため次世代まで引き継ぐことはできなかった．導入個体を一代目とすると三代目の成虫までの飼育となる．この飼育を通して，卵がかえるまでに3〜5日，サナギになるまでに13〜18日，サナギがチョウになるまでに9〜14日かかることがわかった．全体を通してみれば産卵から羽化までに1カ月前後かかることになる．環境温度にもよるが成虫の生存期間は7〜10日と推定される．一世代当たりの寿命を40日前後とすると，年に9回，世代が交代することになる．世代が交代するごとに嗜好性の高い食樹を用意することが必要になる．小笠原では季節に限らず食樹の花芽が咲くが，都内で花芽が咲く時期は限られる．1年を通して花芽を供給できるかどうかが飼育繁殖を成功させる鍵を握っている．

イモリ

　イモリは日本固有の両生類で，本州，四国，九州にかけて分布する．腹部が赤いことからアカハライモリの別名でも知られる．湿地，池，小川，水

（ 168 ）

写真4　域内保全のためのイモリの野外調査

田など流れの緩やかな水辺環境を好むが，都市化に伴う生息地の破壊，河
川改修，圃場整備，農薬汚染などが原因で，各地で減少している．2002年
から2006年にかけて発表された関東地方のレッドリストによると神奈川，
千葉，埼玉，群馬，栃木で絶滅危惧種に指定されている．2006年版環境省
レッドリストでは現時点では絶滅危険度は小さいが，生息条件の変化によっ
ては「絶滅危惧種」に移行する可能性のある準絶滅危惧種にランクされて
いる．
　かつて東京の郊外で普通に見られたイモリだが，水辺環境の減少とともに
個体数が激減している．東京のイモリを保全するため，2002年から葛西臨
海水族園と井の頭自然文化園の職員が中心となり，域内保全に取り組んで
いる．保全活動の対象地域は周囲が宅地で囲まれ，孤立した生息地となっ
ている．また，産卵するための水場も少ない．個体数を回復させるため新
たに池を造成し，水場環境を復活させることから保全活動が始まった．
2005年に造成した池にイモリが産卵し，その卵から孵化した幼生を池の中

で確認した．2006年には上陸した幼体を池の周囲で確認できた．観察を通
して，イモリは生きた植物へ卵を産みつけることから，池に水草が生えて
いる環境が産卵に重要であることもわかった．

　この保全地域では，近隣の小学生を対象に動物園職員がガイド役となりイ
モリとイモリが暮らせる環境をテーマとした課外授業を行なっている．小
学校のカリキュラムの一環である．一方，池が心ない人に荒らされること
があるため，今後はボランティアによる巡回を通して，イモリの生息環境
を守る活動も計画されている．

 ## ニホンコウノトリ

　ニホンコウノトリは名前からすると日本固有の鳥のようだが，実際は中国
北部やシベリア東南部で繁殖し，中国南部から香港で越冬する分布域の広
い鳥である．国際自然保護連合（IUCN）のレッドリストでは絶滅危惧種に
指定されている．赤ちゃんを運んでくるという伝説のコウノトリはヨーロッ
パで繁殖し，アフリカで越冬するシュバシコウ（嘴の赤いコウノトリ）がモ
デルで，近縁であるがニホンコウノトリとは別種である．

　多摩動物公園がコウノトリの飼育を開始したのは1972年，日本で初めて
繁殖に成功したのは1988年である．飼育開始以来16年が経過していた．繁
殖までにこれほど時間を要したのは，雄と雌を繁殖のために同居させるペ
アリングが難しいためである．集団同居見合いや網越し見合いを行ない，相
性の良さそうな雄と雌を一緒にする方法を採ることで，ペアリングの関門
を突破することができた．一度，ペアが形成されれば，つがい相手が死ぬ
までペアは続く．仲の良い夫婦を俗にオシドリ夫婦と呼ぶが，実際のオシ
ドリはつがい外交尾が多いという報告もあり，本当の意味でのオシドリ夫
婦はニホンコウノトリに当てはまるようだ．多摩動物公園では，現在まで
に150羽以上のニホンコウノトリの孵化に成功し，国内外の動物園に供給
している．

　兵庫県立コウノトリの郷公園（豊岡市）でニホンコウノトリの野生復帰が
試みられており，放鳥されたコウノトリが繁殖に成功している．コウノト

写真5　ニホンコウノトリの親子

リが野外で生き続けられる自然環境が回復しつつある証明で，域内保全活動に携わっている地元の方々の努力の 賜 である．

　多摩動物公園では豊岡の飼育スタッフを研修生として受け入れ，孵卵器でコウノトリの卵を孵化する技術を学んでいただいた．また，豊岡の飼育コウノトリが産卵した卵を人工孵化をしてほしいとの依頼を受け，2卵の有精卵を豊岡から受け取り多摩で孵化させた後，豊岡に輸送した．また，相互に個体を交換して，新たなペア形成につとめてきた．とくに，1988年日本で初めて飼育下で孵化した雌は多摩から豊岡に移動後，豊岡でペアを形成し，31羽の雛を育て上げた．このペアは子育てがうまく，豊岡の段階的放鳥計画で重要な役割を担っている．多摩動物公園ばかりでなく，いろいろな形で日本の動物園が豊岡でのコウノトリの野生復帰を支えている．表舞台に立たないためあまり知られていないが，動物園が域内保全活動を間接的に担っている例として紹介させていただいた．

オランウータン

　マレー語で「森の人」を意味するオランウータンは，かつて東南アジアに広く分布していたが，現在はボルネオ島とスマトラ島にしか生息していない．ボルネオに分布する種はボルネオオランウータン，スマトラに分布する種はスマトラオランウータンで，両者はかつて亜種関係にあるとされていたが，現在は別種として扱われている．ともに，年々，減少しており，スマトラオランウータンの生息数は7,500頭，ボルネオオランウータンは56,000頭と推定されている．個体数減少の原因は，生息地である熱帯雨林の開発，油ヤシの植林，森林火災，ペット需要を見込んだ密猟などである．

　とくに近年はバイオ燃料として注目されている油ヤシのプランテーション化がオランウータン生息地の減少を加速させている．地球に優しいはずの植物オイルであるが，油ヤシを植林するため既存の熱帯雨林を開墾するため，結果としてオランウータンの生息環境を破壊していることになる．油ヤシはバイオ燃料以外にも，チョコレート，せんべい，カレールー，マーガリン，インスタントラーメン，石鹸，化粧品などさまざまな製品の原材料として使われている．

　油ヤシに注目してもらうため，多摩動物公園では油ヤシとオランウータンの関係に焦点を当てたパネルを作成し，「アブラヤシ展」と題してオランウータンの運動場そばに掲示した．幸い好評で，多摩での掲示を終えた後，オランウータンを飼育している動物園で巡回展示が行なわれている．

　現地と連携し，オランウータンの保全を支える活動も行なっている．ボルネオのセピロクに密猟などで保護されたオランウータンの孤児を森に帰すリハビリテーションセンターがある．環境教育のノウハウを知りたいという要望に応え，ボルネオの子どもたちに教育活動を行なっているセンター職員を研修生として受け入れ，日本の動物園で行なわれている教育活動を体験していただいた．現地と関係を持ったといっても，これは間接的な保全活動の例であるが，直接，オランウータンの生息地の環境を改善する活動も開始した．ボルネオでは油ヤシのプランテーションが盛んで，生息地

写真6　セピロク・オランウータン・リハビリテーションセンターでの給餌風景

を追われたオランウータンが川岸まで追いやられている．しかし，生息地が川で分断されているため，オランウータンどうしは行き来ができない．やむを得ず孤立した小さな集団で暮らすことになるが，小集団の中で繁殖を繰り返すと近親交配が進行して遺伝子の多様性が失われ，病気の抵抗性が弱まったり繁殖力が低下したりする．小集団どうしが行き来できる環境を整えることが，近親交配の進行を防ぐ解決策の1つである．動物園では廃棄された消防ホースを垂らし，空間を立体的に使える工夫を行なっている．環境エンリッチメントの手法の1つである．動物園の手法を現地で応用し，消防ホースで橋を組んで川の両岸を結べば，孤立したオランウータンどうしが交流できる．日本各地の消防署から不用になった消防ホースを譲り受け，動物園職員が現地に飛び，現地の人たちとともに消防ホースの架け橋作りを行なった．多くの人の善意に支えられた活動であるが，日頃の動物園活動から生まれたアイディアが現地の保全活動に役立った理想的な例と考えている．

域内保全と域外保全の連携

　野生動物を守るには，その生息地で守る域内保全活動が第一である．しかし，個体数が非常に少なく，このまま手をこまねいて見ていると絶滅のおそれが強い場合とか，感染症の流行で危険分散が必要な場合は生息地から野生個体を飼育環境に移し，域外で保全することになる．

　しかし，域外保全は一つの動物園だけでできることではない．多くの動物園が協力し，個々の動物園で飼育されている個体を一つの飼育個体群とみなして，繁殖計画を立てる必要がある．日本を例にとってみよう．日本動物園水族館協会は種保存委員会（SSCJ）を立ち上げ，協会加盟の動物園が協力して繁殖計画に基づいた希少種の飼育繁殖に取り組んでいる．ヨーロッパの動物園はヨーロッパ希少種繁殖計画（EEP），アメリカの動物園は種生存計画（SSP）といったように，国際間の協力といっても主力は地域の動物園間の協力が基になっている．他の地域も同様で，東南アジア，中米，南米など地理的に近く，同じ文化を共有していることが，希少動物の飼育繁殖の面でも結びつきを強めているのであろう．このため希少動物の域外保全を巡って地域間の軋轢がないわけではない．東南アジア動物園協会のアゴラ・ムーティ氏は「欧米動物園は二重基準により繁殖計画に取り組んでいる」と言って批判している．つまり，アジアからは繁殖させるためと言って動物を持って行くが，その繁殖作戦にアジアの動物園人が参加することができない．あるいはアジアの動物園が繁殖や教育目的のために欧米の動物園から希少種を導入する場合も高い壁が立ちふさがっていると言う．地域間の協力から真の国際協力にどうやって脱皮していくかが，世界の動物園人の課題である．

　野生動物を保全するには域内保全と域外保全の連携がうまくいかなくてはならない．野生動物の個体数は常に動いている．食べ物の多い年は子どもがたくさん生まれ個体数が増加するが，台風，森林火災，干魃などで食べ物が少ないと個体数が減少する．生息地では，このような要因で個体数がダイナミックに変動している．域外保全として生息地の外に個体群を確

（ 174 ）

保していれば，自然の影響による個体数の変動を緩和させることができる．
そのためには遺伝的多様性を保つために動物園間で飼育個体を移動して適
切な繁殖ペアの形成を図るとともに，野生個体やその精子や卵子といった
配偶子を適宜計画的に動物園に導入しながら健全な飼育個体群を確立して
おく必要がある．野生個体が減少した場合は，環境の回復を図るとともに，
動物園生まれの個体を野生復帰訓練を行なって野生に戻し，健全な個体群
形成を支援することが大切である．このように域内保全と域外保全は車の
両輪のような働きを持っており，希少種の保全は両者の密接な連携なしに
は効果的に進めることができない．

参考文献

世界動物園水族館協会編，日本動物園水族館協会訳（2005）：野生生物のための未来
　構築－世界動物園水族館保全戦略．世界動物園水族館協会

小松　守（2006）：動物園での種の保存とその展望，畜産の研究60（1）93 – 98

楠比呂志（2006）：冷凍動物園，畜産の研究60（1）99 – 104

多摩動物公園野生生物保全センター編（2007）：野生生物保全センター事業報告書
　（平成18年度版）．(財) 東京動物園協会多摩動物公園

多摩動物公園野生生物保全センター編（2008）：野生生物保全センター事業報告書
　（平成19年度版）．(財) 東京動物園協会多摩動物公園

多摩動物公園野生生物保全センター編（2009）：野生生物保全センター事業報告書
　（平成20年度版）．(財) 東京動物園協会多摩動物公園

多摩動物公園野生生物保全センター編（2010）：野生生物保全センター事業報告書
　（平成21年度版）．(公財) 東京動物園協会多摩動物公園

動物園の社会学

1. 動物園の今

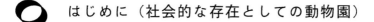
はじめに（社会的な存在としての動物園）

　動物園とは，人間社会の中に1つの社会が予定する特定の役割に応じて作られた極めて社会的な存在である．今日，動物園の役割は，①飼育動物の展示を通して知的な娯楽を提供するレクリエーションの場，②動物野生復帰などの自然保護に貢献する場，③動物の知識に関する教育の場，④以上の役割を円滑に進めるための研究の場，とするのが動物園関係者の間では定説となっている．

　動物園は，動物という存在を媒介として利用する人と運営に関わる人とからなっている．ここでは動物に関して運営に関わる人が発するメッセージを利用する人が受け取るとともに，こうして発信されたメッセージと受信されたメッセージとの間に生ずる差異が常に変化せざるを得ないような関係を作っている．動物を展示するための手法の総体として存在する動物園は，動物と人とを関連づける空間であり，動物園そのものを社会と関連づける空間でもある．動物園の存在の意味，イメージ，役割などはメッセージの相互関係の中で形成され，確立されてくる．

　動物園そのものを見ると，それは1つの組織とみることができる．組織とは，社会の中で一定の役割を分担することに意義があり，社会の中で特定の位置に配属される．組織は使命（目的，目標）を持たざるを得ない．そして，使命を具体的に社会に投下させて，社会の中で占める役割（Role）と地位（Status）を持つのである．組織の誕生時には，その役割と地位が決定されているように思える．しかし，組織は誕生すると，社会が期待している役割を果たし地位を獲得すると同時に，組織そのものが内在する価値によって独自の動きを始める．ここに，役割と地位との差異が生じることとなり，メッセージに関する受け手と送り手との差異の登場につながっていく．

　人間の作り出した組織により運営される動物園は，実体ではなく，動物を媒介とした関係性が投影された形態にほかならない．だからこそ，社会における動物園は，自らの役割を社会に示していくことによって，新たな地位に位置づけられることができる．メッセージとは，それがどのようなものにせよ受け手によってしか受け取られないからこそ，その評価もすべて受け手に委（ゆだ）ねられている．〈社会に示す〉ということは，そのままを〈社会が受け入れる〉ことではない．そこには〈社会に示す〉側の意識的・継続的な努力が必要なのである．本論では，こうした視点にたって，今日の日本社会における動物園の現状を探り，それを踏まえた今後の展開を考えてみたい．

 ## 「動物園に行く」ということ
（学校と家庭における生活行為）

　動物園とは何かと聞かれれば，「そこに行けば動物が見られるところ」と答えるのが普通であろう．広辞苑には「各種の動物を集め飼育して一般の観覧に供する施設」とされている．つまり，動物園とは，動物がいるとともに，それらの動物を人が見ることができる場所とされている．

　では，動物園に来る人にとって動物園とは何の意味があるのだろうか．普通に考えれば，あるいは，動物園側から見れば，来園者は動物を見に来てくれると考える．しかし，「動物園に行く」ことが「動物を見るため」ということに直接に結びつくとは限らない．

　人が動物園に行く理由を調べてみると，家族サービスやレクリエーション
といった目的で来る人がかなりの比率を占めているのがわかる（表1－1，表
1－2）．そして，「動物を見るため」を主な動機として動物園に行く人は，
多くて半数程度に止まってしまう．もちろん，動物園には動物がいて，見
ることができるという当然の了解があるし，動物が好きな人が動物を見に
来ることも事実である．しかし，全体として見た場合，「動物園に行く」と
いう意味は，「動物を見る」ためという積極的な理由に支えられているとい
うよりは，動物園をレクリエーション施設の1つの形態として捉え，特定の
場所に行って楽しむという動機を満たす行為への志向を示している．

　人間の生活は，より良く生きるという目的に向かって展開される行動の複
雑な体系であると言われる．われわれは日常生活を営む上でさまざまな行
動を行なっている．「動物園に行く」ということは，人の生活行動の1つで
あり，日常の生活に何らかの結果をもたらすだろうという期待が込められ
た目的志向性を持った行為として考えられる．このプロセスは，次のよう
に単純化して表すことができる（図1－1）．

図1－1　生活の行為
（松原治郎「生活とは何か」現代のエスプリ第52巻1971年）を改変

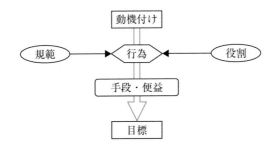

　生活の行為は，一定の状況の下で，ある動機をきっかけとして，手段・便
益を利用することによって，その目標の達成を目指して行なわれる．その
際に，規範（文化・しきたりなど）とか役割（家庭や組織内での役割）などの
制約を受けながら内容や特徴が決められていく．手段・便益とは，動機と
目標を結びつけるために資源や情報などを取り込み利用することである．

表1−1　園別・年別の来園目的の比較

	1990 上野[※1]	1989 多摩[※2]	備　考
家族と外出	35.7 %	52.6 %	
珍しい動物を見に	34.3 %	27.6 %	数字は，回答者数に占める回答理
ピクニック	11.1 %	19.9 %	由の割合であり，複数回答を可と
動物の勉強	14.0 %	18.3 %	しているため，合計が100 %とは
時間つぶし	7.3 %	4.9 %	ならない.
その他	12.8 %	7.5 %	

※1：東京都恩賜上野動物園入園者実態調査報告書1990年8月
※2：コアラとチョウのあいだで—多摩動物公園の入園者像1989年3月

表1−2　園別の来園目的

	レジャー	家族サービス	自己啓発自己学習	デート	お目当ての動物を見る	動物を見るのが好き	暇つぶし	その他
上野動物園	41.7 %	45.7 %	2.3 %	7.0 %	14.8 %	22.7 %	4.4 %	0.2 %
	53.4 %	49.5 %	1.1 %	8.6 %	24.5 %	29.3 %	5.7 %	4.3 %
多摩動物公園	42.1 %	47.5 %	3.9 %	3.9 %	10.4 %	23.2 %	3.5 %	5.0 %
	59.2 %	49.0 %	2.3 %	7.2 %	14.5 %	27.6 %	2.6 %	7.2 %
井の頭自然文化園	41.2 %	38.7 %	2.5 %	7.8 %	3.4 %	12.3 %	10.8 %	7.4 %
	59.6 %	38.4 %	1.0 %	16.7 %	7.4 %	17.2 %	12.3 %	4.9 %
葛西臨海水族園	39.3 %	42.5 %	5.3 %	14.6 %	12.1 %	12.6 %	2.8 %	4.9 %
	56.7 %	44.0 %	2.1 %	15.5 %	10.7 %	29.9 %	4.5 %	5.2 %

都立動物園利用動向調査　平成17年3月　東京都建設局公園緑地部
注：上段は1996年，下段は2005年の調査数字．回答者数に対する回答理由の割合であり，複数回答を可としているため，合計が100 %とはならない.

　つまり，「動物園に行く」ことは，動物園を手段・便益として利用することである．動物園の来園者は，目的を達成させて動機を満足させるために，動物園やその情報を取り込んで利用していると考えることができる.
　人間の生活活動とは，基本的に人間が生きていくための再生産の機能を

図1-2　家庭・学校における活動の決定要因

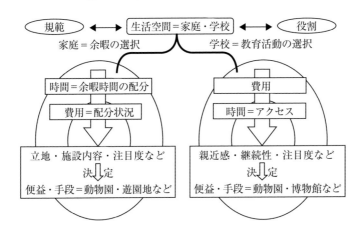

持っていて，経済活動，政治活動，組織への参加，教育・文化活動，レクリエーション活動などさまざまな分野に及んでいる．それらの中で，「動物園に行く」ことはレクリエーション活動と教育・文化活動とに強く関わっており，生活上の組織の単位としてみると，家庭および学校における活動と捉えることができる．

　家庭においては，休日の過ごし方の流行や家族の年齢構成といった規範，父親・母親として行なうことが期待される役割などを土台にして，余暇時間の確保の可能性，許容される費用の程度，話題性やアクセスなどを考慮してレクリエーション活動を行なうための便益・手段の選択が行なわれている．学校においては，教育活動の妥当性といった規範，学校や教師が持つ役割の下に，時間と費用などが考慮され，教育活動を行なうための便益・手段が決定される．こうして，レクリエーション活動や教育活動を行なうための1つの形態として「動物園に行く」ことが選択される（図1-2）したがって「動物園に行く」ということにはさまざまな理由が付加されることになるのだが，基本的には動物園の持っているイメージに依存している（図1-3）.

図１－３　上野動物園への来園理由および理由間の関係
「上野動物園の入園者像」(昭和59年１月　東京都恩賜上野動物園) より作成

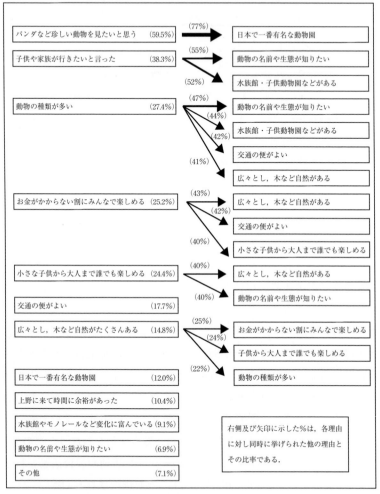

※左側が来園理由及びその回答者数に占める割合である．複数回答を可とし
　ているため合計が 100% とはならない.
※レクリエーションのみを理由として来園する人が少なくないほか，動物を
　見るのと同時に環境や交通の利便性が考慮されているのが分かる.

「お子様ランチ」の幻想
（規範性から逃れられない動物園）

　デパートの食堂などには，「お子様ランチ」が用意してあることが多い．親が子どものためを思って選ぶことも少なくないのだが，これは，子どもは「お子様ランチ」を選ぶという暗黙の了解に裏打ちされている．同様に，動物園には子どもための施設というイメージがある．実際，小学生までは動物園に来ることが多いが，中学生になるとかなり少なくなり，高校生は

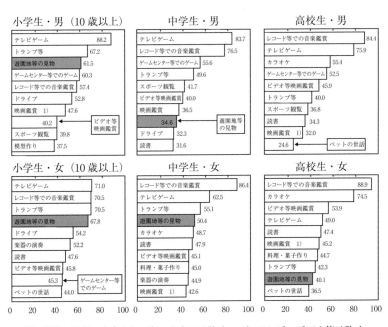

図1－4　生徒の趣味・娯楽に関する行動者率（上位10種類）
平成8年社会生活基本調査（総務省統計局）より

　注）学業や仕事，家事として行ったものは除く．　1）テレビ・ビデオ等は除く．

　1年間（平成7年10月～8年9月）に行った「趣味・娯楽」（スポーツや旅行などは含まない．）の行動者率（行動した人の割合）を種類別にみたもので，小学生（ただし10歳以上）は男女とも「遊園地等の見物」（網かけ部分）が高くなっている．中学生から高校生になるにつれて，「遊園地等の見物」の行動者率が低くなり，特に男子ではその傾向が強い．

まれであるという結果になる（図1－4）．

　年齢が進むに連れて動物園から足が遠のくのは，小学生の頃には動物が好きだったが，年を経るに従って関心がなくなってしまうことを示している訳ではない．学年が進むにつれて子ども自身の生活行為の幅が広がるとともに，親と行動をともにするという生活行為が減っていく．さらに子どもの趣味・娯楽の分野における生活行為の選択肢が増えてくる．こうしたことが動物園に行くことが少なくなる原因であると考えられる．これを裏返すと，動物園＝子どもの場所という図式が成り立つことになる．

　親あるいは学校の先生が動物園を選択する際に，幾つかの理由が考えられる．第一に，基本的に子どもは動物が好きであろうと考えていること，第二は，動物園に行くことが安全で健全な活動であると広く認められていること，第三に親も子どもにかこつけて動物を見に行くことができること，さらに，子どもが喜んでいるという満足感に浸ることができること，などが挙げられよう．これらの動機づけによって「動物園に行く」という生活行為が選択される．つまり，動物園が子どものための健全な楽しみのための場として利用されるべきであるという規範が，「動物園に行く」＝生活行為を支えている．

　選択に際しての動機づけについて，国立科学博物館を例に取り上げ，動物園と比較してみよう．アンケート調査を見ると，「展示を見る」および「学習」が来館理由の大半を占めている．さらに「10人以上」での来館では「学習」の割合が高くなることから，学習を目的とした小中学校の団体利用が背景にあると考えられる（表1－3）．さらに，回答者では児童・生徒・学生が全体の4割となっているほか，家族での来館も全体の4割強を占めていることから類推すると，国立科学博物館の場合には児童・生徒の利用ということが一般的に受け入れられていると考えられ，この点は動物園との違いはない．

　また，「展示内容」，「館の雰囲気」，「展示資料」といった調査項目が高い満足度を示すとともに，「全体の満足度」にも強い影響を及ぼしていることが指摘されている．

表1－3　国立科学博物館における「来館の主な目的」の構成比（単位％）
「入館者の満足度調査と傾向分析」平成17年5月31日
（独立行政法人　国立科学博物館　株式会社　丹青社）

理由	全体	新規来館者	リピーター	1人で来館	10人以上で来館
展示を見る	76.3	73.2	77.1	83.2	47.7
学習	10.8	13.3	9.6	4.2	33.6
何となく	7.2	8.7	4.2	5.9	5.5
行事に参加	2.4	2.1	3.3	2.5	7.0
食事	1.0	0.4	2.5	0	0.8
ミュージアムショップの利用	0.5	0.2	1.3	2.5	0
その他	1.8	2.1	2.1	1.7	5.5
計	100	100	100	100	100

・サンプル数：977，自記式調査，「来館の主な目的」を理由欄に挙げた7項目から選ばせる設問
・各欄の計は，四捨五入の関係で100％とはならない.

　国立科学博物館では「展示内容」と「展示資料」に対する満足度が高い結果となっていることも考え合わせると，入館者が展示内容に関心を持ち，それに対して評価をしていると判断してよいだろう.

　国立科学博物館に代表されるように，博物館の来館目的は「展示を見る」ということに限定される傾向が強い. 施設に対する利用者の目的志向性は，各々の施設が持つ目的や運営内容などの条件と文化やしきたりといった規範とに関わる問題である. つまり，施設が持つ社会的イメージから来ているといってよいだろう. 結果として，子どもが対象であったとしても，博物館が学ぶことが主体であると考えられている場所であるのに対して，動物園は楽しむことが主体であると思われている場所となっている.

 ライバルは映画館（家庭における便益・手段の選択—時間が最大の制約）

　動物園に来る人は，動物園をレクリエーションの要求を満たす1つの選択肢として考える傾向が強い. 家庭という場において「動物園に行くこと」が選択された場合，家族連れが最も多い（図1－5）. その際に，子どもの施設＝動物園という1つの規範性が作用するため，中心になるのは子どもである.

「東京都恩賜上野動物園入園者実態調査報告書 1990 年 8 月」及び「コアラとチョウのあいだで──多摩動物公園の入園者像 1989 年 3 月」より作成

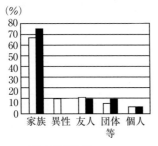

□ 上野動物園
■ 多摩動物園

※多摩動物公園においては,「異性」の数値は「友人」に含まれている。

図1－5　来園者のグループ構成

子供の生活において, 睡眠や家事関連など拘束される時間を除いたものが余暇活動に使われるのは, 大人と同様である.「動物園に行くこと」は, 余暇の過ごし方の一つであり, テレビゲームや音楽鑑賞, 遊園地での遊びなどと肩を並べる選択肢となっている. こうした活動の中で, 家庭の場以外で行なわれ, かつ親と一緒に行なわれる比率が高いものには「遊園地・動植物園・博覧会等の見学」がある. さらに, 見学に当たって車を利用しなければならない場合には, 親と一緒ということが条件になってくる (表1－4).

動物園の来園理由として,「家族サービス」とか「家族と外出」といったものが上位を占めるのは, 家族単位で行なわれる活動であるという状況を反映している. 家族単位の余暇活動では, 費用と時間などが場所 (対象としての便益・手段) を選択する際の制約条件になるが, このうち最も大きく作用するのは時間である. 一般的には, 動物園で過ごす時間は2時間から3時間, 食事や行くまでの時間を考えると, 半日から一日を費やす. 家庭を単位として「動物園に行くこと」には, ある程度の時間がかかることから, 親子ともに一定の時間が確保できる土日曜日の活動にならざるを得ない.

余暇時間は限られていて, 特別な要因がない限り急に拡大もしないし, 日常生活の中での配分の枠組みも大きく変わることはない. あるものに時間を取られれば, ほかのものに割く時間が少なくなる. 土日曜日に関しても, その日にしかできないような活動に対する選択が行なわれる (図1－6). 幼児の場合には, 親が活動の選択を行ない, 小学校以上であれば, 親と子のコミュニケーションの中で決定される傾向が強くなる. その際には, 時間

表1－4　親の行動の有無別「子供の行動者率」（10～14歳）

「平成8年度社会生活基本調査」（総務省統計局）から作成，子供の行動者率が高い順に整理した．

種類 （行動者率が40％以上のもの）	行動者率（人口に対する行動者数の割合）		
	両親がした[※1]	親がしない[※2]	全体
テレビゲーム	89.5	67.8	77.2
レコード・テープ・CD等による音楽鑑賞	80.3	49.4	72.7
トランプ・花札・カルタ・オセロ	83.4	38.9	61.9
遊園地・動植物園・博覧会等の見物	75.2	20.2	54.4
ゲームセンター・ゲームコーナーでのゲーム	79.6	38.6	50.3
ドライブ	62.9	5.9	45.0
映画鑑賞（テレビ・ビデオ等は除く）	68.3	26.6	43.5
ビデオ・LDによる映画鑑賞	65.4	17.2	42.0
趣味としての読書	52.1	20.6	40.0

※1：当該の行動を取る両親（父親または母親のいずれかを含む）の数に占める当該の行動を取る子供の数の割合
※2：当該の行動を取らない両親の数に占める当該行動を取る子供の数の割合
・「夫婦と子供の世帯」および「夫婦，子供と親の世帯」について，子供とその親の「趣味・娯楽」を見たものである．
・子供の行動者率は，行動の種類で，親がそれを「した」場合が，両親とも「しなかった」場合に比べて高くなっている．
・子供と両親が一緒に行動したことを示すものではないが，網かけで示した種類は親と一緒の可能性の高いものである．

図1－6　曜日別生活時間の推移（15歳以上）

「平成13年社会生活基本調査」（総務省統計局）から作成

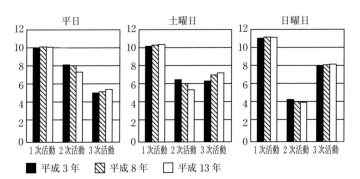

■ 平成3年　　▨ 平成8年　　□ 平成13年

※1次活動：睡眠，身の回りの用事，食事
※2次活動：通勤・通学，仕事，学業，家事，介護・看護，育児，買い物
※3次活動：テレビ・ラジオ・新聞・雑誌，休養・くつろぎ，学習・研究，趣味・娯楽，スポーツ，ボランティア活動・社会参加活動，交際・付き合い，受診・療養，その他

と費用（近接性）の制約にしばられながら，注目度や親近感などといった要素が勘案される．

　生活の多様化に伴い，テレビゲームを始めとして余暇あるいはレクリエーションに関する選択肢が巷にあふれている．それらは商品と同様に，利用者に飽きられてしまうと採算が成り立たなくなるなど消えてしまう運命にある．動物園にとってのライバルは遊園地やディズニーランドのようなレジャー施設や映画館であり，これらの施設は社会における話題性・流行性，必要性などの荒波を受けて進まざるを得ない存在なのである（図1－7）．

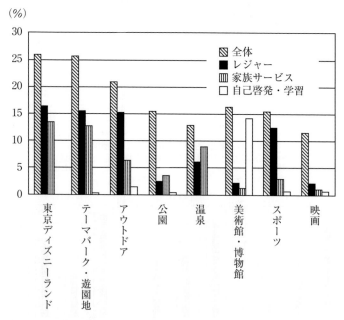

図1－7　動物園・水族館と競合すると考えられる施設
「動物園利用活性化方策調査　個別面接調査・結果報告書」1996年3月
（東京都建設局公園緑地部）から作成

・東京都内(島嶼を除く)に居住する20〜59歳の男女個人を対象としてサンプルを抽出している．
・調査票を用いた調査員による個別訪問面接聴取法による．
・動物園・水族館に行く際の目的に合致する施設で，動物園・水族館以外の施設では何を選ぶか目的ごとに記入するように求めている設問である．
・取り上げた目的以外では，「デート」，「暇つぶし」などが挙げられている．

2. 人気動物園とは何か（手段・便益の選び方）

千差万別だが選べない動物園
（観光というもう１つの選択肢）

　全国には，90近い動物園（日本動物園水族館協会に加盟2010.4現在）がある．一口に動物園といっても内容がさまざまで，もし，これがお菓子だったら，和菓子から洋菓子，果物まで含まれるような状況だろう．

　面積を見ると，小さいもので は２千 m² 程度のものから100 haを超えるものまである．このうち５ha未満のものが約35％を占め，15 ha以下のものが6割を超えている（図2－1）．東京ドームの面積が5 ha程度（約216×216 m），東京にある日比谷公園が約16 haであるから，意外と面積の狭いものが多いことがわかる．また，動物園の設置者では，株式会社や個人など民間が1/4程度で，残りが公立の動物園になっている（図2－2）．100 ha以上の面積を持つ動物園は3カ所と数は少ないが，民間の設置者となっており，遊園地を併設したテーマパーク的な運営がなされている．

　まさに千差万別の動物園，お菓子であれば，何を食べようかと迷ってしまうのだが，お菓子には食べたいものを自由に

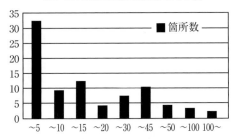

図2－1　面積別動物園数
「平成17年度　日本動物園水族館年報，
（社）日本動物園水族館協会」より作成

※「～（数字）」は，たとえば「～10」
　だと 5ha 以上で10ha 未満を示す．

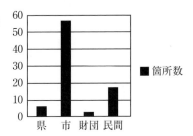

図2－2　設置者別動物園数
「平成17年度　日本動物園水族館，
（財）日本動物園水族館協会」より作成

※県には都，市には区が含まれる．

表2－1　来園者の居住地別構成比（単位：%）

名称	近隣地域						計	その他の地域	
上野動物園	31.2	東京都	22.9	埼玉・神奈川県	10.9	千葉県	65.0	35.0	関東地方 7.2
多摩動物公園	44.8	多摩	16.8	23区	23.2	神奈川県	84.8	15.2	関東地方 9.8
大森山動物園	68.6	秋田市	19.2	秋田県	7.5	東北地方	95.3	4.7	
安佐動物園	71.9	広島市	24.2	広島県	1.8	中国地方	97.9	2.1	
横浜動物園	40.7	横浜市	30.9	神奈川県	12.4	東京都	84.0	16.0	
金沢動物園	53.5	横浜市	30.0	神奈川県	10.4	東京都	93.9	6.1	
野毛山動物園	61.4	横浜市	23.9	神奈川県	10.4	東京都	95.7	4.4	
東武動物公園	53.7	埼玉県	30.0	栃木・群馬・茨城・千葉県	14.2	東京都	97.9	2.1	
国立科学博物館	39.9	東京都	27.6	埼玉・神奈川県	9.1	千葉県	76.6	23.4	関東地方 5.3
茨城県立自然博物館	51.8	茨城県	39.9	千葉・埼玉・栃木・福島県	4.9	東京都	96.4	3.6	

出典　上野動物園：東京都恩賜上野動物園入園者実態調査報告書1990年8月
　　　多摩動物公園：コアラとチョウのあいだで－多摩動物公園の入園者像1989年3月
　　　横浜・金沢・野毛山動物園：平成18年度利用者調査より作成
　　　大森山動物園：平成18年　夜の動物園アンケート集計結果（夏季の夜間2日間）
　　　安佐動物園：平成18年度　夜間開園アンケート調査結果（夏季の夜間8日間）
　　　東武動物公園：平成18年　来園者アンケート調査結果（夏季の土日4日間）
　　　国立科学博物館：入館者の満足度調査と傾向分析　平成17年5月31日
　　　茨城県立自然博物館：「ミュージアムパーク茨城県立自然博物館の来館者の意識と
　　　　　　　　動向」より2000～2004年の平均
　※　調査の時期，対象者などが異なるが，大きな傾向は把握することが出来る.

選べる楽しみがある. しかし, どこの動物園に行こうかと迷う人はほとんどいない. なぜかと言えば, ある動物園の近隣の地域に住んでいる人が近くの動物園に行くことになるからである.「来園者はどこから来るのか？」については, 来園者の居住地別の構成比を見ると見当がつくが, 特別な場合を除いて近隣地域の人々に利用されていることがわかる（表2－1）. 家族での行動では, 親子ともに一定の時間が確保できる土日曜日にならざるを得ないことは先にも述べた. 結果として, 自分の住んでいる所から便利な, あるいはお金がそれほどかからない動物園が選ばれていることになる.

図2-3　多摩動物公園の近隣にある施設の月別入園者数（平成17年度）

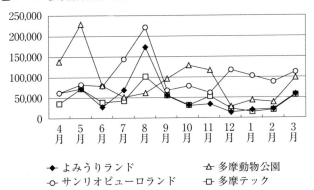

→◆ よみうりランド　　　　-△- 多摩動物公園
-○- サンリオピューロランド　-□- 多摩テック

　例外は，観光地にある動物園，あるいは観光地的な利用がされる動物園の場合である．観光となれば日帰りでなくともよくなるので，土日に利用が集中することはなくなる．その反面，夏休み期間など休みが取りやすい期間での利用が顕著に見られるようになる．両者の違いは，月別の利用者数を調べてみると，一目瞭然である．生活行為の違いから動物園は，地域型と観光型として大きく分けて捉えることができる．

　地域型動物園に行く際の動機づけは，レクリエーションや教育である．そして，来園者数は，地域の人口，交通などの立地条件，動物園の大きさと動物の種類数，施設内容などによって基本的に決められてくる．それに加えて，動物が新たに加わったとか，施設ができたという話題性によって来園者数が増減される．

　観光型動物園でもレクリエーションが動機づけになるが，選択に当たっては動物園だけではなく，どのような場所にあるかという立地条件と動物園が持つ話題性が一義的な評価基準となる．立地条件には，ほかの観光要素，たとえば温泉や遊園地，食事場所などのほか，観光地と観光地を結ぶ動線の状況や地域の持つイメージも含まれる．これに話題性が加わることによって，来園者数の増減が顕著に出るのが特徴であろう（図2-3, 図2-4）.

図2-4　月別入場者数（入園者15万人以上の動物園）

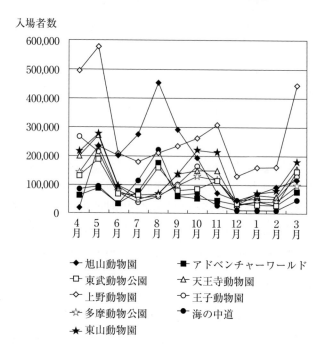

入場者数

凡例:
- ◆ 旭山動物園
- ■ アドベンチャーワールド
- □ 東武動物公園
- △ 天王寺動物園
- ◇ 上野動物園
- ○ 王子動物園
- ☆ 多摩動物公園
- ● 海の中道
- ★ 東山動物園

人気の動物園とは
（動機づけを満足させる動物園）

　人気商品の価格は高くなるのが普通である．商品が流通段階で高い評価を得て引く手あまたになると，高い価格で取引されるからである．このように需要が好調なことが，人気があることを意味している．では，動物園の人気とは何であろうか．

　深く考えなければ，人が大勢集まるのが人気の動物園と思ってしまう．この場合，来園者数が人気のバロメーターとなり，一見，数字で評価され合理的である．しかし，先に述べたように来園者には時間という最大の制約要因があるため近隣の動物園を利用する傾向があり，地域型動物園では地域人口と交通アクセスの状況によって来園者数が自動的に決まってしまう

ことが多い.

　さらに，副次的に来園者数の動向に影響を与える要素が幾つかある．その第一は天候である．動物園では，雨になると来園者が減り，暑さ寒さなどの気温によっても動向が左右される．次は，話題性の強弱である．話題性には2つの側面あって，1つは各園のポテンシャル（希少動物・人気動物，仔の誕生など）に伴う個別の問題であり，ほかは動物園に対する一般的な人気という流行の動向である．たとえば，ある動物園の記事が載れば，近くの人がそこに出かける可能性が大きくなると同時に，出かけることがない人に対しても動物園に対する関心を呼び起こす効果を持つ.

　来園者数の増加を図るために，たとえば，遊園地を一緒に運営する方法が歴史的にも採られてきた．現在でも観光型の動物園などには遊園地が附属されている場合が多い．レクリエーション需要に対する対応として見ることもできるが，季節による来園者数の変動を平均化し，通年における利用者数の確保を図る目的がある.

　話題の提供や施設の複合化など，集客のための試みを行なったとしても，一般的に，来園者数に最も大きな影響を与えるのは立地条件と天候であり，これを努力によって改善できる可能性は少ない．それでも，来園者数の増に大きく関わることがあるとすれば，それは観光型の動物園になるかどうかであろう.

　どこの動物園に行くかを決めるには，話題性をベースとして，余暇時間と費用とにより最初に選択肢が絞られ，次に動物園の持つ特徴やイメージによって判断が下される．したがって，特別な場合を除いて動物園同士が来園者の争奪を巡るライバルになることはまずない．また，博物館についても，動機づけの違いによる選択が最初の段階で働くため，来園者の獲得競争を演じる可能性は少ない．本当のライバルであるレクリエーション施設と競争し勝つためには，日帰りでない観光という動機づけを満足させることが重要であり，そうすることによって来園者は増加していく.

　しかし，すべての動物園が観光型になる必要はない．各動物園が持っている使命または目標を実現することを基本として，たとえば地域型の動物園

では近隣の人々に何が提供することができ，来園者の動機づけや期待にどのように応えることができるかということを評価の基準とすることが重要であろう．単純に数のみで動物園の価値を計るのは早計である．本当の意味で，人気の動物園とは，動物園の掲げる使命に関して新たな感動・気づきを与えるなど来園者の共感を得ることができる動物園である．

3. サービスの価格

 どんな仕事があるのか＝何にお金がかかるのか

動物園＝「各種の動物を集め飼育して一般の観覧に供する施設」を維持・運営していくには，目に見えるものから，目に見えないものまでさまざまな仕事が必要である．内容を性格別に分けて整理すると表3−1のようになる．

全ての動物園において，これらの仕事が行なわれている訳ではなく，運営主体，規模などによって，内容が異なってくる．この表のうち1〜3および7については，どのような動物園であろうが必ず行なわれる業務であるのに対し，4〜6については，何に重点を置くかという各園の方針によって左右される内容である．

こうした仕事には，費用がかかるのは言うまでもない．レストランおよび売店は独立採算として扱うため別にするが，業務を支出項目別に分けると，表3−2の通りに整理できる．

支出項目の中では，何にお金がかかっているのだろうか．動物園というと餌代が最初に頭に浮かぶが，実際は，餌代は1割にも満たない動物園が大半である．最も大きなものは，人件費である．多摩動物公園を例に採れば，経費全体のうち約半分が人件費として使われている．全国の動物園を見ても，民間では5割を超えるものは少ないが，公立では7割を超える所もある．人件費については，業務の内容によって委託費として執行される場合もあるので，単純な比較はできないが，最も大きな割合を占めることには違いない．

園の方針によって普及啓発活動や動物の保護に力を入れるなら，それに使うための経費を増やさなければならない．そうした内容を受けて，支出項目の構成比が相対的に決まってくる．人件費や餌代などの構成比も変わってくるはずだが，人件費の比率が高いことから，構成比に大きな影響を与えることはない．つまり，新規の取組を行なう場合には，餌代，光熱水費，維持費などの経費は簡単に圧縮できる性格のものではないこともあり，人件費から工面するのが現実的な方法になる．人件費との見合いで，儲けを出すか，普及活動を充実するか，施設を直すかといった選択が行なわれることになる．

表3-1　動物園の業務一覧

項目	内容
1. 動物舎の建築	新築及び建替え（設備を含む）
2. 飼育展示運営	
動物収集	調査，調整，購入，交換，貸付など
法令手続き	動物の移動・飼育に関する法令に基づく届出・許可など
動物飼育	動物舎や放飼場の清掃，餌やり，動物治療など
動物舎管理	モニターなど設備の保守点検，補修など
3. 施設管理	
施設・設備維持	水道・下水道，電気，放送設備など保守点検
夜間警備	夜間の巡回・警備
園内管理	巡回，ゴミ処理，清掃，出入口の開閉など
建物管理	事務室の保守点検，補修など
4. 教育普及活動	
普及	広報，パンフレット作成，展示，ラベル作成，講演会，動物解説など
環境教育	出前授業，教師を対象とする講座，実習の受入れなど
5. 研究・保全活動	
飼育動物の研究	文献調査，動物観察，発表会など
野生生物の保全	動物園内外における野生生物の保全（調査・研究・技術の確立など）
6. アミューズメント	
レストラン	商品開発，レストランの清掃，販売など
売店	商品開発，売り場の清掃，販売など
入園者への接遇	売改札，迷子・落し物対応，案内など
7. 職員管理	出動等職員管理，研修，事故への対応など

表 3 − 2　動物園経費の支出項目とその内容

支出項目	具体的な内容
人件費	動物収集，法令手続き，動物飼育，施設管理，教育普及活動，研究保全活動，アミューズメント，職員管理
補助人件費	事務補助・飼育補助アルバイト賃金
旅費	
動物購入費	
飼料費	青草の栽培などを含む
動物管理費	臨床検査，死体処理，検査分析，医療用品など
光熱水費	電気料，水道料，燃料費
維持費	造園維持，設備維持など
展示経費	講師謝礼，展示作成など
清掃費	園地清掃，建物清掃，塵芥処理など
事務費	諸税公課，事務用品，通信運搬など

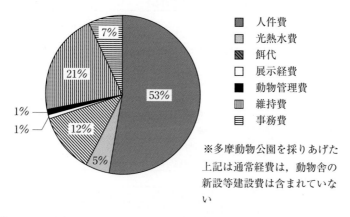

凡例：
■ 人件費
☐ 光熱水費
▨ 餌代
□ 展示経費
■ 動物管理費
▥ 維持費
▤ 事務費

人件費 53%
光熱水費 5%
餌代 12%
1%
1%
維持費 21%
事務費 7%

※多摩動物公園を採りあげた
上記は通常経費は，動物舎の
新設等建設費は含まれていな
い

　動物園では建設，改修といった投資的な経費とともに，維持管理という経常的な経費がかかってくる．そして，運営は，サービス業に近い労働集約的産業と言ってよいだろう．

　　# 収入と支出の難しい関係　　

　支出があれば，それに見合った収入がなければ経営は成り立たない．収入の基本は入園料であるが，そのほかには，駐車場などの土地建物使用料，遊

戯施設・売店・食堂などからの付帯事業収入が挙げられる．一方，入園料が無料の動物園もあるが，それらは地方自治体によって運営され，入園料をとるほど施設（経費）が大きくないなどの理由によって，政策的な判断で無料とすることが決められている．

　株式会社が運営するなど民営の動物園では，特別な例を除き，当然に経常経費額が収入金額より少なくなる．公立の場合には，経常経費額が入場料などの収入金額の数倍になるのもが大半となっている．その場合，足りない分は地方自治体からの支出が当てられる．

　公立の動物園でも，収支が均衡しているように見えるものもあるが，これは1つには，どの範囲で収支を捉えるかという問題である．指定管理者制度のように設置者と管理者が分かれており，たとえば管理・運営を株式会社などの法人に委託した場合，その委託金に見合うように園の運営が行なわれるため，管理者では収支は均衡する．また，地方自治体によって補填される金額も収入として考えると，帳尻は合っていることになる．もちろん，何もしなくても多くの人々が殺到するような人気があれば，補填されるお金を当てにしなくても十分黒字になるが，そうした園は少ない．

　このような一見すると赤字経営的に見える問題は，動物園が何を目的として設置されているかということに起因している．動物園が，単純に利潤を目的として設置されているとすれば，赤字など許されることはない．しかし，地域住民の福祉やレクリエーション機会の創出，児童の教育，野生動物の保護などに意義を認め，それを全うするために設置したとするならば，そうした分野のすべてにわたって利用者負担を適用する必要はないだろう．

　最終的には，どこまでが地方自治体の施策として負担すべきであるか，あるいは，どこまで利用者が負担すべきなのかという線引きの問題であり，費用負担に対する設置者の明確な方針とその説明が重要となる．

 ## 入園料の意味

　入園料はどのように決まるのであろうか．民間の動物園では，売店やレストラン，遊戯施設などの収入，施設の新設費や減価償却費などを含めて，黒

表3－3　入園料別の全国の
公立動物園数

「平成17年度　日本動物園水族館年
報，(財)日本動物園水族館協会」より
作成

入園料	動物園数
無料	17
～300	10
300～500	31
500～600	8
600～810	4

字になるように料金が設定される．結果として，平成19年度現在，大きい小さいはあるものの1,000円以上となっている．それに対して，公立の動物園では600円前後が大半となっている（表3－3）．

公立の動物園として東京都を例にすると，「入園料は，一般の人に無料で公開されている公園の維持管理水準を超える部分について料金を設定する」という基本的な考え方を採っている．具体的には，［人件費＋維持管理費＋減価償却費］を総入場者数で割ったものを入園料としている．ここでは，土地使用料や獣舎などの建物使用料は除外されているほか，便所や管理所，東屋など一般の公園にあるような施設については減価償却の対象にされていない．

このような考え方で入園料を算定すると，上野動物園と多摩動物公園とでは差が出てくるのだが，東京都では両者を平均して両者とも600円と定めている．実際には，入園者数の違いから上野動物園ではもう少し安く入園料が設定できるため，入場者数に現在の入園料を掛けると，年間の管理費くらいは捻出できることになる．しかし，小学生以下は無料にしていること，さらに都内在住・在学の中学生も無料となっているので，単純にはいかない．

以前は，小学生および中学生は無料であった．これは，動物園が博物館相当施設に位置づけられるとともに，環境学習や希少動物の保護を促進する場とされているため，こうした動物園の持つ教育的な面を配慮して設定されてきたものである．財政上の要請から，現在では都内在住・在学の中学生に限定されているものの，動物園の持つ教育的な意義が薄れた訳ではない．

全国の公立動物園のほとんどが，入園料600円程度となっている．立地条件や規模などを考えると，もう少し違いが出てきてもいいはずであるから，近い金額に設定されているのは，東京都の例を参考として決められて

いると考えられなくもない.

　入園料については，提供されるサービスの内容によって決まってくるというよりは，施設維持と各園との相対関係によって決まると考えた方がよい.

4. これからの動物園

 ## 期待する動物園像と実像とのギャップ

　先にも述べたように，動物園の使命として今日では，次の四つが挙げられるのが普通である．第一は，動物の飼育・展示を通して感動を与えるレクリエーションを提供すること，第二は，動物学や動物医学に関する研究を行ない，その発展を促すこと，第三は，動物の飼育・展示を通して，野生動物の生態，生息環境などを伝え，理解者を増やすための教育を実施すること，第四は，繁殖動物の野生復帰や教育活動を通して直接・間接的に自然保護に寄与すること，などである.

　こうした使命・意義が掲げられているにも関わらず，その通りに社会一般的な動物園に対するイメージが確立されている訳ではない．健全なレクリエーションの場，あるいは，子どものための場所としての強いイメージを拭い去ることができないでいる．したがって，そうした側面だけを捉え，愛玩動物的な話題とか，入園者数が増えているかといったことで動物園が評価される傾向がある．動物園の設置者である地方自治体においても，同じ評価をしがちなことも否定できない.

　動物園の使命・意義を確実に実行できるのは，比較的規模の大きい公立の動物園に限られるだろう．それは予算面，人材面で余裕がある，あるいは努力できるからである．独立採算で使命・意義を達成しろと言われても，実行は難しい．必要なのは，動物園自身の自覚，設置者や市民の理解，それらを踏まえた財源の確保である.

　動物園は，労働集約的な事業である．この点に関して言えば，お金を有効に使うということと人材を活用していくこととは等しい．動物園では，目

に見えるものから目に見えないものまでさまざまな仕事に，多くの人々が関わっている．たとえば，動物飼育では餌やり，繁殖，治療など，売店では商品開発，販売，経理などが挙げられる．バラバラなようでも，これらの集まりが動物園のイメージを作り上げていく．

　これからの動物園には，自然保護への貢献など動物園の使命を多くの人に伝えながら，そうしたイメージを作り上げていくための戦略が重要であろう．

期待される動物園づくりに向けて ＝動物園の意味の追求

　動物園は歴史的にも社会との関係の中で生まれてきた存在である．このため，社会との繋がりの中で時代に対応したあり方を考える必要がある．その際に，次の二点に焦点を絞ることが重要だと考えられる．

　日本の動物園は，人口の集積地，地方の核都市，観光地などに立地している場合が多い．とくに，大都市およびその近郊に作られた動物園が多く見られる（図4－1）．このことは結果として，都市に暮らす住民に対する自然の窓口になっていることを意味している．第一には，この利点を活かし，自然環境との関わりを考えた運営を考慮すべきことが挙げられる．また，どのような動物であれ，一定の地域から動物園に持ち込んで展示していることは否定できない．したがって，そうした動物を展示する意味には，単に動物を知ってもらうことに止まらず，当該地域の自然環境や住民の生活を考えなくてはならないことが含まれている．つまり，第二は，動物の生息する地域の人々と連携する責務を負っている点である．

　こうした視点から，使命を果たす動物園を実現していくためには，次の四つの関係づくりが必要であろう．

　第一は，住民や利用者との関係である．動物園のイメージは，使命に基づいて具体的な活動を行なう動物園の努力とそれを情報として受け入れる来園者との相互関係の中で形作られていく．単に西欧流の考え方を理念として取り入れるだけではなく，日本の動物園の歴史や社会・文化，自然観に

図4-1　全国の動物園の位置

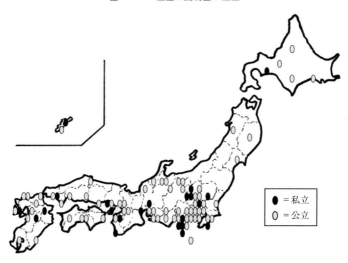

●＝私立
〇＝公立

沿った運営の中から日本の土壌に根ざした理念を構築していくしかない．
また，動物園の使命・意義を実行していくためには，動物園に対する一面
的な認識を変えていくことも必要であろう．それにはメッセージを出し続
けることが重要である．基本的に，動物園は動物の飼育・展示を行なうと
いう点において見世物の側面を持っている．しかし，それだけには止まら
ないことを，展示の工夫，解説の仕方などトータルに組み合わせて示して
いかなくてはならない．

　第二は，地方公共団体など設置者との関係である．設置者は，動物園に対
して監督責任を負っている．それは住民・納税者に対する説明責任でもあ
る．入園者さえ確保されれば良いとするのではなく，設置者も動物園も，使
命の妥当性を検証し，それに基づいて行なっている業務に対する評価を行
なわなければならない．そのためには，評価基準の明確化が必須の要件で
あろう．

　第三は，動物園間の関係である．これまで動物園同士で動物や情報の交換
などについて協力が行なわれてきた．自然界からの新たな動物の入手が困
難になってきている現在，今後，その重要性は一層高まるだろう．とくに，

研究，教育，自然保護の面においては，動物園の連携が必要である．さらに，不適切な行為に対する論議，注意喚起，規制のシステムの構築が望まれる．

　第四は，動物園内部の関係である．動物園のような労働集約的産業では人の育成が重要な課題である．優秀な人材を確保し続けることが，産業の成否にかかってくる．動物にも，人間にも愛情を注ぐことができるとともに知識の吸収に積極的な人材を育成する責務がある．一人ひとりの職員の地道な積み上げによる経験，それは情熱がないと務まらないが，そこには，もう1つ，常に理想に向かっていく姿勢も付け加えなくてはならない．活力のある動物園を維持していくためには，倫理観と使命感，問題意識を持った職員が十分に力を発揮できることが必須なのだ．

7

動物園の過去，現在，未来

1. 動物園の歴史

　動物園は野生動物を飼育展示し，市民に公開する施設である．広辞苑第5版（1998）は「各種の動物を集め飼育して一般の観覧に供する施設」と動物園を説明している．個性的な辞書として知られる新明解国語辞典　第4版（1989）の説明は「生態を公衆に見せ，かたわら保護を加えるためと称し，捕らえて来た多くの鳥獣・魚虫などに対し，狭い空間での生活を余儀無くし，飼い殺しにする，人間中心の施設．」となる．同書第5版（1997）では幾分トーンが和らぐが，動物園の存在を許し難いものとする著者の姿勢に変わりはない．同書の「水族館」は「博物館の一．水中動物を飼育，その生態を研究し，また人々に展示する娯楽・教育施設．」と"好意的"あるいは"中立的"に説明されているので，動物園の記述との落差に驚きを覚える．新明解国語辞典の記載は，動物園の一面を切り取って誇張し，他の面を意図的に無視したものだが，まったく出鱈目な解釈でもない．事実，動物園は人間が人間のために作った施設である．

　動物園の起源は野生動物を飼育することに始まる．6500年前にイラクでハトが飼われ，4500年前のインドではアジアゾウが半家畜化されていた．同じ頃，古代エジプトの墓には首輪をつけたアダックスやオリックスなどアンテロープの絵が描かれている．ウシ，ブタ，イヌ，ネコといった私た

ちになじみ深い家畜は，野生動物を飼い慣らし改良を加えたものだ．当初，野生動物を飼うことと人の生活レベルの向上は密接に結びついていたが，力を蓄えた一部の人は，自分の権力の象徴として野生動物を飼育するようになる．

　紀元前10世紀ころ中国（周）の文王は「知識の園」と呼ばれる広大な動物園を持っていたと紹介されるが，動物園の歴史に詳しい佐々木時雄によると文王の存在自体が怪しいという．しかし紀元前4世紀頃，中国歴代の王が動物コレクションを持っていたことは確かなようだ．旧約聖書によるとイスラエルの国王ソロモン（BC 1010 − 974）も大きな動物コレクションを持っていたという．

　古代ギリシャではBC 7世紀に動物コレクションが存在していた．動物誌を著したアリストテレス（BC 384 − 322）は飼育されている野生動物を使って研究していたらしい．彼の教え子であるアレクサンダー大王は遠征で捕らえた多くの動物をギリシャに送っている．古代ローマでは，競技場で野生動物同士，あるいは野生動物と人間の格闘が見世物となっていたが，野生動物のこのような扱いとは別に，貴族たちの間では美しい鳥を飼育することが流行していた．フランク王国のカール大帝（742 − 814）やイギリスのヘンリー1世（1068 − 1135）も立派な動物コレクションを持ち，外国の諸侯から贈られたライオンやゾウを飼育していた．中南米のアステカ王国は16世紀にコルテスに率いられたスペイン軍に滅ぼされたが，現在のメキシコシティに巨大な動物コレクションを持っていた．

　市民に開かれた近代動物園は1752年ウィーンのシェンブルン宮殿に作られた動物園に始まる．この動物園はフランツ1世が皇后マリア・テレジアのために，7年の歳月をかけて作った．マリア・テレジアは動物コレクションのパビリオンで朝食をとりながらゾウ，ラクダ，シマウマなどを見るのが好きだったと伝えられている．シェンブルン宮殿の動物園は1765年に市民に公開された．1826年創立されたロンドン動物学協会は「動物学と動物生理学の発展と動物界から新しい，そして不思議な動物を導入する」ことを設立目的の一つに掲げ，1828年にロンドンのリージェントパークに動物学

に基礎を置いた動物園を開園した．ウインザー城にあった王家の動物コレクションも追加されているが，王侯貴族のコレクションそのものに起源を持たない最初の動物園といえる．動物園を表す英語 zoo は 19 世紀末に人気を得たロンドン動物園の正式名称 "zoological garden" の略称 "zoo" が動物園を指す単語として一般化したものである．ロンドンに続いてアムステルダム（1838），アントワープ（1843），ベルリン（1844）と都市の中心部に動物園が次々と誕生した．19 世紀末までに世界に 50 ほどの動物園が開園したが，植民地を持つヨーロッパの国に集中している（動物園年表 P.232, 233）．

ヨーロッパに動物園が生まれた理由

　動物園で珍しい動物を飼育するには，その動物についての情報収集，動物の安全な輸送，高価な収集コストに対する支払い能力が必要となる．産業革命と植民地支配で築いた富，交易に必要な世界を結ぶ交通網の支配，植民地支配で得られる珍しい動物の情報を手中に納めたことが近代ヨーロッパに動物園が生まれた理由として挙げられる．好奇心ではなく科学に基礎を置く近代動物園も，成り立ちにおいてすでに富と権力の象徴であった．さまざまな動物を集めるという行為は，キリスト教を背景に持つ博物学の発展により加速された．万物の創造主である神の作品（動物）を集めて目録化することは，神の叡知にたどりつくことで，信仰の証となる．世界の奥地に出かけ，そこに生息する未知の動物を収集して記載する博物学は，神の教えに近づくことと同義であった．生きた動物を展示する動物園が，博物学の延長線上にあることは言うまでもない．

　世界の動物を展示する動物園が，明治時代まで日本に存在しなかった理由は，このような「動物園を生み出す」条件を欠いていたからである．産業は手工業段階にあり，うかうかすれば植民地にされかねない状況下では，時折，南蛮船が運んでくる珍しい動物に好奇心を示すのが精一杯だったといえよう．

‡‡

【コラム】人間の展示

‡‡

　動物園は野生動物を飼育展示するところと思われているが，歴史をたどると身体に障害がある人や未開な部族と思われた人が展示されている．現代の目から見れば人権無視も甚だしいが，当時は人の好奇心に訴えたり，ダーウィンの進化論に影響されて人類の発展過程を示す “科学的” な展示として扱われた．16 世紀にアステカ帝国の首都テノチティトラン（現在のメキシコシティ）にあったモンテスマ皇帝の動物園には，ひげのある女や小人の男などが檻に入れられ，野獣と同じように檻のなかに食物を投げ与えられていたという．パノラマ展示を作ったことで有名なカール・ハーゲンベックはハンブルグにあるハーゲンベック動物園でイヌイットを展示している．パリ万博やセントルイス万博など 19 世紀後半から 20 世紀初頭にかけて欧米で開催された博覧会では未開民族を展示することが珍しくなかった．1904 年にルイジアナで開催された博覧会では人類学展示の一環としてオタ・ベンガというアフリカ熱帯雨林の狩猟採集民であるピグミーが展示された．オタ・ベンガは 1906 年にニューヨークのブロンクス動物園のサル舎で人類の進化を示す目的としてオランウータンと一緒に展示された．解説パネルには次のように書かれていた．

アフリカのピグミー，“オタ・ベンガ”
　年齢 23 歳，身長 4 フィート 11 インチ
　体重 103 ポンド
　コンゴ自由国のカサイ川からサミュエル P. バーナー博士によりもたらされた．9 月の午後に展示されます．
　日本でも東京で開催された拓殖博覧会（1912）や東京大正博覧会（1914）などで “未開人” の展示が行われている．現代でもロンドン動物園（2005）やワルシャワ動物園（2009）で人類展示が行われ話題を呼んだが，“未開人” の展示ではなく，人も動物の一員であり，霊長類の分化を示す手段として展示が企画された．展示される人は自ら展示に応募してきたボランティアで，人類の進化の過程を “演じ” た．

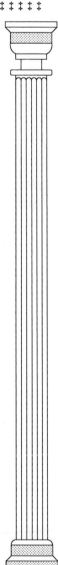

日本における動物園の歴史

　日本で庶民が動物を見て楽しむようになるのは江戸時代初期からである．この頃になると都市に人口が集まり，庶民に経済的，時間的な余裕が生まれてきた．17世紀前半に描かれた四条河原遊楽図屏風に，鴨川河川敷に仮設の檻をしつらえ，そこにヤマアラシを入れ，棒でつついておもしろおかしく観客に見せている場面が描かれている．南蛮船が運んできた珍しい動物は興行師に買い取られ，大坂（道頓堀），名古屋（大須），江戸（葺屋丁，堺丁）などの大都市で巡回興行が打たれた．麹町福寿院境内のトラ（1860），浅草奥山のゾウとフタコブラクダ（1863），芝白金の清正公廟前のライオン（1866）などである．寛政年間（1789－1802）から文化年間（1804－1818）になると，孔雀茶屋，花鳥茶屋，鹿茶屋，花屋敷などと呼ばれる美しい鳥や珍しい動物を見せることで客を呼ぶ常設施設が生まれ，繁盛したという．しかし，これらの施設は日本の動物園の源流とはならなかった．

　日本は1873年（明治6年）にウィーンで開かれた万国博覧会に参加したが，生きた動物も出品した．博覧会終了後，持ち帰った出品物は日比谷に近い山下町に開設された建物に移され，生きた動物も飼育展示された．1881年（明治14年）博物館が上野公園に移されることになり，それに伴い動物展示施設も1882年（明治15年）3月20日に上野公園の一画に移され，博物館付属動物園として開園した．上野動物園の誕生である．上野動物園では，この日を開園記念日として，毎年来園者とともに祝っている．4年後の1886年（明治19年）に上野動物園の所管が農商務省から宮内省に移り，図書寮付属博物館の付属動物園となった．動物園はもともとヨーロッパの王侯貴族が持っていた動物コレクションが市民勢力の台頭とともに市民に開放された経緯がある．ヨーロッパの例から考えても宮内省が動物園を所管することはおかしいわけではない．しかし上野動物園が宮内省所管になった理由は，皇室が珍しい動物を楽しむためではなかった．当時脆弱であった皇室の財政基盤を，博物館の管理する古美術品を皇室の財産と位置づけることで確固たるものにすることにあったと言われている．

　動物園の上部組織である博物館は1889年（明治22年）に帝国博物館，1900年（明治33年）天産部所属の東京帝室博物館と名前が変わっている．明治40年頃から動物園自体は市民の間で「上野動物園」と呼ばれていたようである．1924年（大正13年）1月，宮内省から皇太子殿下（昭和天皇）のご成婚を記念して上野公園と動物園が当時の東京市に下賜されると発表があり，同年2月東京市に引き渡された．所管は公園課である．その年の12月，上野恩賜公園動物園との正式名称が決められた．

　東京市は当時，1923年（大正12年）に発生した関東大震災からの復興に燃えていた．上野動物園もこの機運に乗り，東京市に下賜されてから1938年（昭和13年）までの14年間で明治，大正期の動物舎はほとんど作りかえられた．下賜されたことが近代動物園への大きな転換点となったのである．現在の名称，東京都恩賜上野動物園は戦後間もない1947年（昭和22年）6月に決められた名称である．

　20世紀に入ると商品を並べて競い合わせる勧業を目的とした博覧会が大都市で開催されたが，その跡地公園に京都（1903），大阪（1914），名古屋（1918）と次々に公立動物園が開園した．大正から昭和初期にかけては宝塚動物園（1929），阪神パーク（1932），到津遊園（1933）など電鉄系の遊園地型民間動物園が開園した（動物園年表参照）．

　動物園・水族館の情報共有と発展を目的に1939年（昭和14年），19の動物園・水族館で任意団体として日本動物園水族館協会が組織された．当時，日本の植民地であった地域に属するソウルや台北の動物園もメンバーであった．

　戦争で大きな打撃を受けた動物園だが，戦後は平和な文化施設として各地で公立動物園の建設ラッシュが起きた．1948年，インドのネール首相は日本の子どもたちにインドゾウのインディラをプレゼントしてくれた．インディラの人気はすさまじく，この年，上野動物園の年間入園者数は過去最高の380万人を記録した．日本各地の子どもたちからインディラを見たいという要望が寄せられ，インディラをはじめ，ライオン，クマ，サルなどの人気動物を加えた移動動物園が1949年に組織され，東日本を中心に巡業

した．移動動物園に触発され1950〜1955年頃まで民間資本の移動動物園が日本各地で巡業した．これらの巡業は動物園のない自治体の動物園を作ろうとする意欲を多いに高めた．1966年になると園内に車を乗り入れる最初のサファリパークがイギリスのロングリートに現れた．サファリパークの元祖は，1ヘクタールの敷地にライオンが放し飼いにされ，その中をバスが走る多摩動物公園のライオンバスで，1964年のことである．観客が檻の中の動物を見る今までの動物園から観客が檻に入って動物を見るという逆転の発想から生まれた．元上野動物園園長林寿郎のアイディアである．ライオンバスのアイディアはヨーロッパで規模を拡大したサファリパークに結実し1970年代に日本に逆輸入された．サファリパークのルーツが日本にあることはあまり知られていない．

1980年代になると動物園で飼育繁殖を行ない野生動物の保護に貢献しようという考えが米国で起きた．米国動物園水族館協会 AZAが進めるこの計画は種保存計画 SSP と呼ばれ，個々の動物園の垣根を取り払い，飼育動物を一つの個体群として共同管理するものである．野生動物保護のためには個々の動物園の動物所有権を否定する思想が資本主義を謳歌する米国に生まれたことに，当時の私は新鮮さと大きな驚きを覚えた．

1990年代には，やはり米国から動物園の新しい動きが伝えられた．環境エンリッチメントの取り組みである．1990年代初め米国では動物園動物の福祉について愛護団体から疑問が呈されていた．動物園側はこの課題に対処するため動物行動学，動物心理学，動物飼養学など動物を健康に飼育する基礎となる知識を統合し，動物園動物の飼育環境の改善を目指す取り組みを始めた．飼育環境に何か刺激となるものを加え，複雑で予見できない豊かな環境を作り出す．その結果，その動物種固有の行動を引き出すことで動物の心を満たすことを目指したもので，環境エンリッチメントと名づけられた．日本の動物園においても急速に環境エンリッチメントの必要性の理解が深まり飼育環境の改善に取り組んだ結果，生き生きとした動物の行動が引き出され，来園者からも好評を得ている．

‡‡

【コラム】動物園は福沢諭吉が名づけ親

　動物園という日本語は，日本に動物園という実体が生まれる16年も前から存在していた．実体がないのに言葉があるというのも変な話だが，欧米の先進的な技術や施設を視察した人たちが，最新情報を日本に紹介し，苦心しながら日本語に言い換えていたからである．動物園については，動物園のほかに遊園，禽獣飼立場，禽獣園，鳥畜園，鳥畜館，畜獣園などと訳されていた．

　今，私たちが何気なく使っている「動物園」は福沢諭吉が名づけ親で，漢字の本場，中国にも輸出され，動物園に対し日本語と同じ「動物園」の字があてられている．諭吉は1862年（文久2年）にフランス，イギリス，オランダ，プロシア，ロシア，ポルトガルの6カ国を巡る遣欧使節団の通訳として同行し，その見聞をまとめ1866年（慶応2年）「西洋事情初編」として出版した．1860年頃は江戸末期にあたり，珍しい異国の動物が上野や両国の広小路や回向院などの寺社境内で見世物としてかかっていた時代である．

　このような日本の動物展示を経験していた諭吉が，欧州で動物園を見たときの驚きはいかばかりであっただろうか．パリの植物園付属動物園を訪れた時の印象を「西洋事情」の中で次のように説明している．「動物園，植物園なるものあり．動物園には生きながら禽獣魚虫を養えり．獅子，犀，象，虎，豹，熊，羆，狐，狸，猿，兎，駝鳥，鷲，鷹，鶴，雁，燕，雀，大蛇，蟆，すべて世界中の珍禽珍獣みなこの園内にあらざるものなし．これを養うに各々その性に従って食物を与え，寒温湿燥の備えをなす．海魚も玻璃器に入れ，ときどき新鮮の海水を与えて生きながら貯えり．」

　この記述から，さまざまな動物が先進的な展示技術や飼育技術に裏打ちされて，整然と飼育されている様を目の当たりにして，驚嘆している様子がうかがえる．それにもまして動物園とは何かを伝える諭吉の鋭い観察眼に驚くほかはない．当時と現在の動物園を比べても，系統的に広く世界の動物を飼育し市民に展示するという本質はまったく変化していないことに気づく．

2. 現在の動物園の課題

 ## 動物園の4つの機能

　動物園は動物学発展のために生きた動物を収集展示する博物館の一種として18世紀後半から19世紀前半にかけてヨーロッパで誕生した．日本では揺籃期こそ博物館付属施設の位置づけを得て自然史博物館として開設されたものの，その後の歩みは娯楽施設としての機能に重きが置かれ，生きた資料を扱う研究施設や教育施設としての機能は置き去りにされてきた．文明開化の名のもと，外見は整えたが中身を伴わないまま，日本も欧米諸国と同じ施設を持っていると背伸びした歩みを始めたのである．明治時代後期から各地で開催された博覧会をきっかけに公立動物園が誕生する．大正時代中頃から昭和に入って第二次世界大戦が始まる頃にかけては電鉄会社の運営する遊戯施設を伴う動物園が開設されていったが，娯楽施設としての位置づけは変わらなかった．

　第二次世界大戦が終わり，人々が落ち着きを取り戻すと，動物園は平和を満喫できるレクリエーション施設として大きな人気を得る．家族で楽しめる身近な娯楽施設して動物園が格好の受け皿となり，戦争で疲弊した人々に明日への希望を与えることに貢献した．子ども達の手紙をきっかけにアジアゾウのインディラがインドのネール首相から日本の子ども達に贈られたが，ゾウの来日を喜んだのは大人も一緒であった．平和のすばらしさが動物園をとおして実感できたのであろう．教育活動や自然保護活動が二の次とされたのも，当時の事情を考えればいたしかたない．

一方，欧米の動物園では戦後から1970年代後半に至るまで，レクリエーション機能とともに動物園の主な機能として以下の項目が挙げられ，それぞれの活動が行なわれていた．

　①教育

　②レクリエーション

③自然保護

④研究

　日本の動物園で働く人々もこれらを動物園の機能と信じて活動していたが，現実的には戦後の長い期間にわたり“健全なレクリエーション施設”以上の活動は公的に重きが置かれることはなかった．動物園がレクリエーション施設だけでなく，生きている動物を扱う博物館として積極的に機能させていくことが，現在の日本の動物園の大きな課題である．

 ## 娯楽施設＋アルファへの変身が課題

　多くの市民は楽しさを求めて動物園にやってくる．平成21年度に行なわれた上野動物園利用者満足度アンケートによると，来園目的として「動物を見に」（49％）と「子どもと遊びに」（36％）の2つで回答数の85％を占めている．これらの結果から，市民にとって動物園の存在意義は，子どもと一緒に珍しい，あるいは興味深い動物を見ることにあると考えられる．

　動物園の良い点としては，「子どもと一緒に過ごすのに適している」（26％），「楽しみながら学べる」（20％），「動物の生態や行動が観察できる」（19％）が回答数の上位3位（65％）を占め，動物園が単なる娯楽施設から学習や観察のための施設として機能しているとの認識も動物園利用者に根づきつつあることがうかがえる．

　獣医学科の授業で学生に動物園の機能について話した時のレポートに，動物園が野生動物の保全に熱心に取り組んでいるとは知らなかった，頑張ってほしいという好意的な感想がある一方，動物を見せながら，同じ場所で希少動物の飼育繁殖に取り組むのは中途半端であり，繁殖は専門施設に任せるべきだという意見も少なからずある．動物園が健全なレクリエーション施設のままでいては何か不都合なことがあるのだろうか．動物園の4つの機能を果たしたいと思っているのは動物園で働く人たちだけで，世間の人はそんなことを動物園に求めていないのではないだろうか．

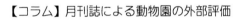

【コラム】月刊誌による動物園の外部評価

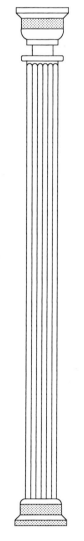

　月刊誌「日経トレンディ」は動物園と水族館のランキング調査を行い，その結果を2005年7月号と2007年8月号に特集した．欧米では動物園が外部から評価され，その順位が公表されることは珍しくないようだが，1872年に日本初の動物園である上野動物園が開園して以来，動物園に順位をつけ，その結果が公表されることはなかった．雑誌がとりあげるくらい，現在の動物園は時流に乗ったトレンディな存在になったのであろう．家族やカップルで楽しい時間を過ごす施設として再評価が進んでいると考えたい．

　2005年7月号の日経トレンディの評価基準は，健全な娯楽施設として楽しく，快適に過ごすことができる施設になっているかどうかに力点がおかれていた．評価の行われた20の動物園の中から，多摩動物公園，よこはま動物園ズーラシア，旭山動物園の順で格付けされた．利用者の立場からすれば当然であるが，動物園は動物を見て楽しむところだけではない．観客の目にふれないところでも地道な活動が行なわれているが，その点については触れられていないのが残念であった．

　同誌2008年8月号では，動物園「ビックリ度」格付けと題し，動物の持つ迫力や，意外なしぐさを目の当たりにして得られる「驚き」をテーマに，「ビックリ」の量を数え，格付けが行なわれた．評価対象となった30の動物園の中から，旭山動物園，上野動物園，多摩動物公園がベスト3に選ばれた．

　今後もいろいろな機関により動物園のランキング付けが行なわれると思われる．ランキングに際しては，過ごしやすさやビックリ度以外に，動物学に関する教育活動，動物学や野生動物医学に関する研究，飼育繁殖，種の保存等，動物園を支える地道な活動も評価対象とすることで，よりよい動物園つくりの外圧となってほしい．

＋アルファの変身のために

　なぜ，動物園は4つの機能を果たさなければいけないのであろうか．それは4つの機能をバランスよく果たして，動物園としての役割を全うするためであるが，少し詳しく見てみよう．

①生きている動物を扱う施設である

　動物園は生きている動物の魅力を伝えるうえで，とても良い位置にある．地球上の珍しい動物を間近に展示することで人々の驚きを誘い，生命や自然の大切さ，多様な動物を育む地球の素晴らしさを考えてもらうために，動物園ほど適した施設はない．絵本でしかゾウを見たことのない子どもが，動物園で初めてゾウを見て，その大きさに驚いて泣き出してしまったという．動物の決定的瞬間を本やテレビで見ることができるとはいえ，ほんものの持つ迫力，におい，大きさなどが人々に与える印象は，バーチャル体験の比ではない．ほんものに触れて得た印象をもとに，動物をより深く理解し，保全に思いをはせるきっかけを作ることも動物園の教育活動の1つである．

　飼育係が直接動物の魅力を紹介するキーパーズトークや，動物園ボランティアが行なう教育活動が日本各地の動物園で行なわれるようになった．より効果的な教育活動を行なっていくためのワークショップもしきりに開催されている．動物園として何を，どのようにして市民に伝えていくかが，これからの課題となっている．動物のすばらしさを伝えることをきっかけに，その生息地の状況，私たちの生活との関係など，野生動物とともに生きていくことの大切さを意識しながら教育プログラムを開発する必要がある．プログラム開発にあたっては，動物園職員だけでなく，教師，研究者，保護活動に携わっている人々の力を得ることも必要である．伝え手である飼育係，動物解説員，動物園ボランティアに対してはインタープリターとしてより効果的な伝え方の研修も常に行なっていかなければならない．

　動物園は動物を見世物にしているという声がある．見世物というとマイナスのイメージを伴うが，必ずしもそうではない．動物園が見世物なら，絵画，歌舞伎，映画，フィギアスケート，サッカー，ゴルフも見世物で，市

民の知的好奇心に訴え，見て，楽しんでもらうという観点から見れば，動物園と同じ位置を占めている．見世物が悪いのではなく，何の目的のため，どのように動物を見せていくかが問われている．

　動物園は毎年，多数の来園者を迎えているが，子ども人口の減少やさまざまな娯楽施設の開設に伴い，動物園の人気は長期凋落傾向にあった．日本の総人口は1979年の1.16億人から2009年の1.28億人と，この30年間に10％以上増えているにも関わらず，同じ期間，日本動物園水族館協会加盟動物園の年間入園者数は5,610万人から4,360万人に22％以上減少している．少子高齢化が進行し，娯楽施設も多様化する中，入園者数減少もいたしかたないという思いが動物園界の常識となっていた．

　このような逆境の中，旭川市旭山動物園は，職員の斬新なアイディアをもとに動物の行動を魅力的に展示することに成功し，引き続き大きな人気を保っている．パンダやコアラといった客寄せ動物の人気に頼るのではなく，動物が本来持っている行動を引き出し，来園者に生き生きとした動物の姿を提示する「行動展示」が，観客の大きな支持を得たためと考えられる．円柱の水槽を上下するゴマフアザラシ，水中トンネルの中から見る翼を飛ぶようにして水中を移動するペンギン，観客めがけて水中に飛び込むホッキョクグマ，いずれも，間近に動物の魅力を伝えるために，知恵を絞った素晴らしい展示手法と評価できる．

②野生動物が少なくなった

　現代は動物園で野生動物を飼育繁殖させて，飼育動物を確保しなければ動物園を維持していくことが困難な時代である．野生動植物の国際取引を規制するワシントン条約が発効される前なら，札束にものをいわせて珍しい動物を手に入れることができた．アフリカの大地をジープで駆け巡り，サイやゾウ，レイヨウやシマウマを銃でしとめることは男のロマンをかき立てるものがあった．勇敢に猛獣に立ち向かった人はヒーローとしてたたえられた．現在，同じことをすれば自然を破壊する野蛮人として扱われかねない．あるいは密猟者として法の裁きを受けることになる．現在でもアフリカの国によっては，動物種を限って有料で狩猟するゲームハンティング

が行なわれているが，往年の勢いはない．

　原産国から野生動物の輸入ができなければ，動物園同士で増やした個体を
やりとりして，動物を確保するしか動物園が存続する術はないのである．私
たち人類の活動が原因で，動植物を始めとして自然環境は大きなダメージ
を受けている．ワシントン条約の誕生も，このまま野放しに野生動物の国
際取引を行なっていては，遠からず野生動物は絶滅してしまうだろうとい
う危機感がきっかけとなっている．

③動物園が蓄積してきたノウハウを利用する．

　現代は，これまで動物園が蓄積してきた野生動物の飼育繁殖のノウハウ
を，野生動物の保全に役立てることができる時代といえる．動物園は今ま
で，野生動物の消費者であった．自然界には野生動物が豊かに存在し，動
物園が消費者であることに，なんらやましい気持ちを持つ必要はなかった
のである．しかし，より良い生活をしたいというヒトの欲望は，エネルギー
を多量に消費する生活スタイルを確立させ，地球から多くの野生動物を絶
滅させてきた．地球温暖化により北極の氷が溶けてホッキョクグマが休む
氷床がなくなり，おぼれ死んでいるという報道を耳にして驚いたが，今ま
で氷に閉ざされていた海が溶けたため，海底に眠る鉱石を掘り出しやすく
なったと，各国が利権にやっきになっているという報道には，さらに愕然
とした．人類の将来が危惧されているときに，地球温暖化何するものと目
先の利益に踊らされるようでは，私たち人類はこのあとどのくらい世代を
交代することができるのだろうか，実に暗い思いになる．自然環境の悪化
により動物園の持つ飼育繁殖技術を応用する場面が生まれたのは皮肉では
あるが，持てる力を存分に発揮して自然に恩返しをする時期になったのだ
と素直に考えれば良いのかもしれない．

　保全活動は，大きく分けて2種類ある．動物園のように生息地の外で繁殖
を図りながら世代を重ねて保全していく生息域外保全（域外保全）と，生息
地の環境ごと保全していく生息域内保全（域内保全）である．保全活動は，
生息地での保全が優先されるべきであるのは言うまでもない．

　環境省も日本の野生動物を守るためには，動物園の保全活動が重要である

と生物多様性国家戦略で取り上げ，動物園の野生動物の保全活動が社会的にも認知されつつある．通常，動物園で行なわれる保全は生息域外保全であるが，近年は動物園職員が生息地での保全に関わることも多くなった．東京の動物園では都内にあるイモリの生息地に池を作って繁殖を促したり，メダカの生息地調査や生息環境改善に取り組んでいる．直接的な保全活動ではないが，各地の動物園でツシマヤマネコ，モグラ，ヤンバルクイナ，サンショウウオ，メダカ，あるいは外来種問題や生物多様性などをテーマにシンポジウムやワークショップが開かれている．多数の来園者を迎える動物園という利点を活かして，多くの人々の関心を高めるこれらの活動は，域内保全活動の一種と位置づけても良いであろう．動物の展示と合わせて行なう保全を紹介するパネル展示や募金活動も域内保全に貢献している．

　今後は，動物園間の協力はもとより，市民，保護団体，研究者などいろいろな関係者と連携して保全活動を行なっていくことが求められる．

④野生動物研究の場としての潜在性

　最後に，動物園は生きた動物を扱う博物館として，野生動物を飼育して市民に見せるだけではなく，飼育下野生動物の研究をすすめ，その成果を社会に還元する責任があることについて触れたい．

　動物園で飼育している野生動物をできる限り活用し，野生動物の理解と保全に役立てることは，動物を飼う上で義務といえる．そのためには，まず，動物園職員が何らかの研究テーマを持って飼育動物に向き合うことが重要である．健康に飼育し，繁殖させることを基本として，その次のステップに進むための自己研鑽を怠らないことである．宝の山にいて，漫然と過ごすのは罪であるくらいの心構えを持って働きたい．組織としては，調査研究に使う時間の確保や費用負担，指導者や共同研究者の連携等をバックアップする必要がある．

　研究者に対しては，研究観察の場として動物園を提供したり，生きている動物から得られる血液，尿，糞，被毛などの派生物や死体を研究材料として提供することで，動物園動物から得られる情報を積極的に掘り出す取り組みが必要である．

　研究者から見ると動物園は研究材料の宝庫である．野生動物の食物消化はどうなっているか，消化にどのような微生物が関わっているかなど栄養生理学的研究，動物の行動や能力の研究，病気や繁殖に関する獣医学的研究，体のつくりに関する解剖学的研究など野生動物を材料にしたさまざまな研究が考えられる．研究者にとって動物園は簡単には入手できない研究材料がごろごろころがっている場所に見えるのだろう．実際，研究者からの材料提供依頼や共同研究提案は少なくない．

　動物園で働く動物園人だけで，動物園動物を使ったあらゆる研究を行なうことは，能力，施設，時間の制約から不可能である．かといってせっかくの研究材料をそのままにしておくのももったいない話である．

　動物園が主体となり，どのような研究に材料を提供するか判断を下すことが必要となる．貴重な材料であるだけに，研究に必要だからという理由だけで研究者に提供することはできない．野生動物の入手が困難になっていることは前述したが，それだけに新たに外国から動物を導入するにあたり，かなりの時間とエネルギー，そして費用が発生する．導入した動物を飼育管理するにも餌代や人件費がかかる．私立動物園では入園料やレストランや売店の売り上げが，公立動物園では入園料や税金でこれらの費用をまかなうことになる．研究材料として渡す材料や死体は基本的に無償であるが，対価を得てより良い動物園の管理運営に利用しても良いのかもしれない．

　私の今までの経験では，自分の研究のために動物園を利用するだけでなく，動物園や野生動物に自分が何を還元できるか考えている研究者はわずかである．残念ながら多くの研究者は動物園を研究材料の無料草刈場と考えている．材料提供後，研究がどのように進んだのか連絡が途絶えてしまうことも少なくない．動物園に無断で，研究者から別の研究者に材料が受け渡されることもある．

　動物種によっては税金を使って動物園動物のデータベースを作りあげ，研究者間の研究材料受け渡しの円滑化が図られている．もちろん，データベースを動物園が作ってほしいとお願いしたわけではない．データベースを作ったので，動物が死んだら是非，ご一報いただきたいという姿勢である．

科学に貢献したいとの熱意から研究者に擦り寄る動物園人もいないわけではないが，動物園としては研究者を選ぶ目を持つべきであろう．

　野生動物は生きている間だけでなく，死んでからもいろいろな情報を教えてくれる．その情報を取り出せるかどうか，取り出した情報を動物学の発展野生動物の飼育繁殖や保全に活用できるかどうかは，動物園で働く人の問題意識にかかっている．

 ## 動物園の４つの機能を果たす

　旭山動物園の人気ぶりから，いかに動物園に客を呼ぶかにばかり管理者の目が注がれ，動物園を支える動物学的な研究がおろそかにならないかと心配している．旭山動物園には地方自治体の関係者がひっきりなしに視察し，人気の秘密を探ろうとしている．視察団には旭山動物園職員の地道な動物観察や調査の上に賑いが成り立っていることを見逃してほしくないと思う．

　小さくて効率的な政府の実現を目指す小泉内閣時代の行政改革で，民間でできることは民間の活力を使って取り組むという方針が決まり，平成18年以降，公立動物園も指定管理者制度を取り入れるところが増えている．経営の効率化では数字が主役となり，入園者数は大きな指標となりがちである．入園者に魅力ある動物園を提供し，動物園での時間を楽しんでいただくことは大切であるが，動物園という文化施設は入園者数だけでその価値を判断することはできない．

　動物園が，野生動物を守る“文化施設としての動物園”として機能するための課題を述べたが，動物園利用者，職員，動物園管理者，行政，研究者といった関係者それぞれの意識改革が前提となる．私たち人類が野生動物とともにこれから何世代も世代を交代するために，動物園のやるべきことはたくさん残されている．

【コラム】日本動物園水族館協会

　日本動物園水族館協会は，動物園や水族館で構成される社団法人で，一つひとつの動物園や水族館ではできないことを協力して行なうために組織された．昭和14年（1939）に任意団体として，仙台，上野，甲府，名古屋等16の動物園と中ノ島，境，阪神の3水族館，計19園館で発足した．戦争のため昭和19年（1944），20年（1945）と活動を休止したが，昭和21年（1946）に活動を再開し，現在までに70年を超える歴史を持っている．平成22年（2010）4月1日現在，動物園89園，水族館67館，合計156施設が加盟している．国際的には，日本の動物園水族館を代表して，世界動物園水族館協会WAZAや国際自然保護連合IUCNの保全生物学専門家グループCBSGに加盟し，世界の動物園水族館と連携した活動を行なっている．

　主な活動は，以下の6項目である．
1. 動物園，水族館についての調査研究
2. 研究発表会および講習会等の開催
3. 野生動物および水族の蒐集に関する調整と自然保護への協力
4. 動物園水族館雑誌，飼育ハンドブックなど学術図書や会報等の出版
5. 博物館関係団体との協力
6. 動物園，水族館及び動物・水族の保護増殖に関する技術・情報の一般への啓蒙普及

　これらの活動の中でも，とくに近年は種の保存と環境教育に力を注いでいる．飼育下での累代繁殖による近親交配を避け，遺伝子の多様性を維持するために，コアラ，ゴリラ，カモシカ，コウノトリ，タンチョウなど絶滅が危ぶまれる145種を対象として血統登録（魚類を除く）を行ない，繁殖計画をたてるなど長期繁殖計画を推進している．また，経済産業省との寄託契約によりにワシントン条約関連で任意放棄された動物の保護収容を加盟園館が行なっている．環境教育では，ワークショップを盛んに行ない，より効果的な環境教育の手法開発に取り組んでいる．

3. これからの動物園

　動物園は社会が存在価値を認めて初めて存続できる施設である．社会が動物園に期待するものは当然のことながら，動物園の置かれた時代により異なる．古代では王侯貴族の権威を象徴する存在として，18世紀後半は博物学を牽引する生きた博物館として，近年は，自然から隔絶された都市に生活する市民に，動物を通して自然を見る窓口として，また，希少動物を繁殖させて保存する生きた遺伝子保全の場所としての役割がクローズアップされている．21世紀を迎えたこれからの動物園は，どのような方向に進んでいくのだろうか．

 ## 人と動物のよりよい関係をつくる

　ここ数年，高病原性鳥インフルエンザや口蹄疫といった感染症が世界的規模で，動物と動物の間，あるいは人と動物の間で流行している．ちょっと時間をさかのぼれば牛海綿状脳症（狂牛病），オウム病，西ナイル熱などの感染症流行も話題となった．多くの野生動物を飼育する動物園としても，何らかの対応が求められている．私の勤務する動物園でも車両消毒装置の新設や対応マニュアルの作成などの対策を行なった．今まで見られなかった新しい感染症の流行を背景に感染症予防法が改正された．水鳥類の検疫強化，サル，プレリードッグ，コウモリ，マストミスが輸入禁止になるなど，矢継ぎ早に予防対策が打たれている．しかし対策を先まわりするかのように，感染症の新たな流行は止まらない．

　ペットに関係する動物に感染症が流行すると，必ずといってよいほど該当する飼育動物が捨てられる．新型肺炎SARS流行時は感染源と考えられたハクビシンが，高病原性鳥インフルエンザの流行ではニワトリが道ばたや公園に捨てられた．学校でニワトリを飼育することにも疑問が投げかけられ，ニワトリの飼育を止めるまで子どもを学校には登校させないという親御さんもいたようだ．各自治体に，飼育していたニワトリを引き取ってほ

しいという要望も寄せられ，動物園も引き取りの問い合わせを受けた．

　感染症流行の影響で，病原体を持っている動物に触れるのは危険だという誤解が広まる可能性は否定できないが，誤解に基づく動物の遺棄は，正しい理解を得ることで防ぐことができる．人は生きていく上でいろいろな微生物と共存し，自身の健康を保っている．皮膚や粘膜は常在する微生物のおかげで健康が保たれている．ビフィズス菌に代表されるように消化管にすみ着いている微生物は健康な消化活動維持に役立っている．最近は巷に抗菌グッズがあふれ，エスカレーターの手すりにも抗菌マークがつくようになっているが，身のまわりから微生物を絶滅させなければ気が済まないという強迫観念にかられてはならない．私たち人類も微生物と共存していると同様に，野生動物も微生物と共存して現在の姿がある．正しい理解をもとに動物と接することが大切で，病気に感染する可能性があるから動物の存在自体を全面否定することは冷静な判断ではない．

　これからの動物園の存在意義の一つはここにある．動物園は人と動物が共存し，よりよい関係作りを支援する存在となるべきである．そのためには，多様な動物の展示を通して自然界から隔離された人工的な環境にすむ住民に自然を理解する窓口となり，動物理解の手助け，誤解に基づく動物の遺棄が起きないように，教育プログラムを充実させていくことになる．

● 動物園から植物との関係も含めた生き物園へ ●

　動物園の主役は展示動物である．動物を飼育展示する建物ではない．上から見ると動物の形をしているとか，ガラス張りで現代建築の粋を凝らしているといった建築賞の対象となるような評価は，動物の展示技術とは無関係である．動物園では動物が主役で，建物が目立ってはいけない．動物園の門をくぐったとたんに入園者は野生動物の世界に入り込める演出が必要だ．これからも継続的に飼育施設は動物にとって快適な空間になるようにハード面で改善を進めることはもちろん，動物の福祉に配慮して環境エンリッチメントをはじめとするソフト面でも飼育技術を洗練させていくべきことは言うまでもない．

　動物園は生きた動物を収集して展示する博物館の一種であると説明したが，動物は植物との関わりなしに生きていくことはできない．動物は長い歴史のなかで，食う，食われるの関係をもとに進化し，多様な種に分化してきた．食う側の動物，食われる側の動物は，時には自分が食う側にまわり，時には食われる側にまわるなど，複雑なネットワークの中で餌をとり，生き延び，子孫を残してきた．進化の結果が，現在の姿かたちであり，行動であり，生息地域である．動物園は動物を展示することで，市民に進化の背景も含めてわかりやすく提示していく技術を高めていかねばならない．

　動物園というと，ゾウ，サイ，キリンといった大型動物に注目が集まりがちで，コウモリ，ネズミ，モグラといった小動物，バッタ，クモ，ミミズといった無脊椎動物は脚光を浴びにくい．人々の興味がそうなのだからしかたないというのは言い訳にすぎない．いわゆる"地味な"動物も興味を持って見てもらう工夫が必要である．

　ニューヨーク・ブロンクス動物園のウイリアム・コンウエイ園長が書いた「ウシガエルを展示するには」という論文がある．アメリカではどこにでも

ウシガエルの展示
(井の頭自然文化園)

いるつまらないウシガエルをいかに興味深く人々に展示するか，そのためには高価な希少動物を展示することが一流動物園の仕事なのだという既存の常識にとらわれず，豊かな想像力を持ってウシガエルの世界を再現すべきであるというが論文の主旨である．動物を展示するなら，その動物を十分に理解し，動物が与えてくれる驚きと感動を引き出すために工夫を凝らすことが真に動物園で動物を展示するということになり，このような展示なら飼育される動物にとっても快適な環境を提供できていることになる．コンウェイ園長の夢でもあるが，現在のところウシガエルの魅力を十分に伝える展示を見たことがない．

　地味な動物の展示を発展させて，哺乳類と鳥類の展示に偏った現代の動物園から脊椎動物と無脊椎動物，そして食われる側の代表である植物も含めた生き物の関わりを展示する動物園がこれからの動物園が目指すべき方向である．このような施設を仮に生き物園と名づけておこう．生物界全体を展示するのは困難なことだと思うが，とりあえず，哺乳類と鳥類偏重の展示に無脊椎動物を取り入れ，相互の関わりを紹介することから始めてはどうだろうか．これからの動物園は，野外にいる身近な動植物の観察と有機的に連携させて，地球はいろいろな生物のネットワークからできているのだと実感できる生き物園となってほしい．

互いの文化の多様性を認める動物園に脱皮する

　日本は世界の水族館のイルカの供給基地になっている．これは日本が捕鯨を行なっていることと無関係ではない．日本では捕鯨は合法で，追い込み漁で港に追い込まれ捕獲されたイルカのほとんどは食料となるが，一部は水族館に引き取られる．捕鯨反対の国に所属する動物園水族館の人にとって，捕鯨を認める日本の動物園水族館の立場が理解できないようである．数年前に台湾で開催された世界動物園水族館協会 WAZA の年次総会では，日本がイルカの供給基地になっていることについて非難決議がだされた．日本動物園水族館協会と世界動物園水族館協会の間で協議が続けられているが，鯨を食べる文化を認めるかどうかが問題の背景にある．

　鯨の問題を出すまでもなく動物園は所属する地域の人々の動物観や自然観を反映せざるを得ない．世界には動物園水族館がおよそ 1,300 施設あり，年間7億人の入園者があるといわれる．市民を対象に動物学に基づいて動物を展示する施設を「動物園」という単語でくくっても，地域によりその活動形態に幅があるのは当然である．動物園は国際的な存在であるとともに，地域文化を反映している．生物の多様性を守ることが大切なように，文化の多様性も守らなければならない．

　動物園で野生動物を守るには国際的な協力が必要だが，資金力と活動力に勝る欧米主導で，考えの押しつけと地域主義の弊害がないわけではない．ヨーロッパではヨーロッパ動物園水族館協会 EAZA, に加盟する35カ国300園館が European Breeding Program（EEP）と呼ばれる希少動物繁殖計画を，北アメリカでは動物園水族館協会 AZA に加盟するアメリカとカナダを中心とした221の動物園水族館が，Species Survival Plan（SSP）Programs と呼ばれる動物の保全活動を行なっている．基本的に域内完結型の活動で，それぞれの域内の動物園水族館の参加を得て，共同で希少動物の飼育繁殖に取り組んでいる．日本動物園水族館協会 JAZA も種保存委員会 SSCJ が国内の動物園水族館を横断した種保存事業を行なっているが，やはり域内完結型である．同じ文化圏に属し，動物保護に関する法律や言語が共通であることが，地域主義にならざるを得ない理由であろう．

　東南アジア動物園協会 SEAZA では，欧米主導の保全活動に異を唱え，やはり域内での保全活動を進めようとしている．彼らの言い分はこうである．欧米の動物園人は飼育繁殖に必要だからといって東南アジアから野生動物を持っていくが，東南アジアの動物園が種保存に必要だからと欧米の動物園に東南アジア産の野生動物提供を申し入れても，あなたの動物園の施設や技術の水準が劣るので，移動することはできないと断られてしまう．東南アジアの動物園が原産地の条件を活かして，うまく繁殖させている種で，欧米では環境や餌が合わないためうまく繁殖できない場合も，その種の保全計画の主導権を握って離そうとしない．これは種保存活動に対する欧米動物園の二重基準であると言って，不快感を隠さない．

　欧米の動物園は組織的かつ精力的に野生動物の保全に取り組んでおり，成果もあげている．われわれが学ぶべきところも多い．しかし，エネルギーを大量消費している自分たちの生活を棚上げし，発展途上国に住む人々が森を切り開いて生活の向上を図ることより，その国の動物を守ることに一生懸命で，自分達の考えを押しつける姿を見ると，違和感を覚える．

　これからの動物園は国際的な協調関係の中で活動せざるを得ない．そのためには，まず，互いの文化を尊重する姿勢が必要となる．しかし，ソ連崩壊に伴う冷戦終了後に，民族紛争が多発するようになった国際情勢を見ても，ことはそれほど簡単ではない．国際的な視野で動物園の運営を考えると，なるほど動物園は文化だと痛感する．文化の問題は個々の動物園で解決できるものではないが，生物の多様性の重要性を認識している動物園だからこそ，今後，人類の文化の多様性を認める動物園に脱皮して，国境を越えた動物園活動を進めていくべきである．

 ## 狛犬の思想：自然を管理する思想から　自然と共生する思想への転換

　旧約聖書は「神は初めに，天地を創造された」の言葉で始まり，天地創造の7日間を次のように述べている．第1日に神は「光あれ」と仰せられ，光と闇を分けて昼と夜を生んだ．第2日に屋根によって水を分け，大空を天とした．第3日に水を集め，陸と海を創り植物を生えさせた．第4日に太陽と月と星を創った．第5日に水と空に生き物を創った．第6日に地を這う獣，家畜，そして神の姿に似せた人を創り，人にすべての生き物を治めさせた．すべてを創り終えた神は第7日に休息された．

　人がすべての生き物を管理できる権限を持たされたという旧約聖書の教えは，人間のおごりを感じる．厳しい自然環境の中で生まれた旧約聖書は，自然と共生するというより，毎日，いかに自然を支配して生きていくかが課題だったのであろう．西欧の合理主義をもとに発展した近代科学は自然の法則を解き明かし，神の言葉どおり自然を支配し，私たち人類に便利で快適な生活をもたらした．照明をつければ夜も明るく，交通機関の発達で

活動範囲が飛躍的に広がった．暑さ寒さに関係なく温度調節の効いた部屋で快適に暮らせるようになった．

　反面，これらの生活を維持するために使うエネルギーは莫大なものとなった．体重60 kgのヒトサイズの動物のエネルギー消費量はおよそ180ワット，石油や石炭から得たエネルギーを大量に使う現代日本人のエネルギー消費量は5,600ワットと計算されている．5,600ワットのエネルギー消費量は体重6トンある哺乳類のエネルギー消費量に相当する．つまり，現代の日本人は自分の体重の100倍もある6トンのアフリカゾウと同じエネルギーを毎日，消費していることになる．このような生活を続けていけば，地球環境に大きな影響を及ぼすことは明らかである．

　今のようなエネルギーを大量に使う生活を見直し，野生動物とともに生きていくためには，自然を管理するという考えだけでは行き詰ってしまうと思われる．自然と共生するためには，自然を畏れ敬う自然観に基づいた行動をとることが必要なのではないだろうか．自然を畏れ敬う気持ちは意識するしないに関わらず，日本人が古くから慣れ親しんできたものである．狛犬を例として考えてみよう．神社の入り口や拝殿の前に左右一対，阿吽の姿で置かれる狛犬は，悪しきものが神聖な境内に入らないように見張る神前守護の役を担っている．多くの日本人にとって初参りや七五三で神社にお参りに行くため，狛犬はなじみ深い存在であろう．狛犬は高麗犬とも書く．「高麗」からわかるように狛犬は外来の動物を意

狛犬（高尾山薬王院）

味するが，犬の一種ではなく，想像上の生き物である．そのルーツは，中近東やインドのライオンである．俗にライオンを「百獣の王」と呼び，ほかの動物と異なって一目を置くのは，威厳ある雄ライオンの姿に畏れの気持ちを抱いたためであろう．聖域の入り口などにライオン像を配して警備に当たらせることが西アジアを中心に行なわれており，それが中国・朝鮮を経て獅子と狛犬を一対として，遅くとも平安時代には日本に伝えられたようだ．科学万能の現在，動物に霊性を認めると，「おかしな人」としてみなされるかもしれない．残念ながら今から狛犬に霊性を見ることができた時代の人間に戻ることはできないが，人が自然に対して優位に立ち，自然を管理できるとする考えをちょっとお休みにして，万物に霊性を感じ，自然を畏れ敬うとはどういうことか考えて直してはどうだろうか．

　私たちは慰霊碑を作って動物に感謝の気持ちを表すことに不思議を感じない．動物園の動物慰霊碑以外にも，畜魂碑，蛸供養碑，放生供養碑，ふぐ塚，鯨塚，魚塚，虫塚，花塚，筆塚など，命のあるものないもの含めて碑や塚を立てて私たちの生活に役立ってくれたものに感謝の念を表すのは，日

上野動物園の動物慰霊碑と飾られた千羽鶴

本人の自然感の特徴のようである. このような自然観を発展させ, 人も動物も同じ自然の一員であるという観点から動物園の活動を考えれば日本から新しい動物園つくりを発信できそうだ.

【コラム】動物慰霊碑と日本人

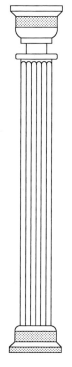

　動物園や水族館には動物慰霊碑を設置しているところが多い. 慰霊碑は, お墓のように骨が埋められているわけではない. 動物園や水族館で暮らして一生を終えた動物達に, 「私達のために役立ってくれてありがとう」と感謝の気持ちを表すために建てられたものである. 春や秋のお彼岸に動物慰霊祭を執り行なう園館も多い. たいていの場合, 最近, 亡くなった動物を紹介し, 続いて職員や来園者が感謝の気持ちをこめて献花するという形式がとられる. 民間の動物園では仏式で行なわれることもあるが, 公立の施設では無宗教の形式で執り行なわれる.

　外国の動物園では, 韓国のソウル大公園動物園と台湾の台北動物園に動物慰霊碑があることを確認している. 韓国と台湾の主要な宗教は仏教や儒教であるが, 私の調べた限りでは中国の動物園に動物慰霊碑は確認できていない. ソウル大公園動物園と台北動物園はともに日本の植民地時代にできた動物園としての流れを汲んでいるため, 日本の影響が残っているのかもしれない. キリスト教やヒンズー教の影響が強い国にある動物園に動物慰霊碑は確認できていない.

Zoo is the Peace〜
平和でなければ動物園は成り立たない

　世界各地の動物を飼育展示するために動物園は「世界の動物」を集めなくてはならない宿命にある．動物園は外国との関係なくして存在することは難しい．動物の導入だけでなく，飼育動物に関する情報を得るにも国際的な協力を欠かすことはできない．

　動物園の歴史をひもとくと，王侯貴族が権力を誇示するために自分の庭園で外国産の珍しい動物を飼育したメナジェリーが動物園の始まりとされている．近世になるとメナジェリーが市民に解放され，ヨーロッパ各地に動物学の発展を担う近代的動物園が誕生した．動物園の揺籃期には植民地から得られる情報をもとに博物学が盛んになり，生きた標本を本国に持ち帰って動物園で飼育しながら動物学的な研究が行なわれた．現在では植民地から好き勝手に動物を持ってくることはできなくなったが，友好の印として贈り物とすることは珍しくない．しかし，最近の傾向として野生における動物の生息状況が厳しいため，友好のためとはいえ飼育繁殖計画を伴わない動物の移動は止めるべきだという声も大きくなりつつある．

　21世紀に入ってもクロアチア，アフガニスタン，イラクなどにある動物園が内戦や戦争の影響で大きな被害を受けているという報道を耳にするが，日本の動物園も二次世界大戦中の猛獣処分で悲しい経験をした．「かわいそうなゾウ」で有名なゾウをはじめとする上野動物園の猛獣処分が有名だが，仙台，名古屋，大阪，神戸，福岡，鹿児島など当時開園していた日本の動物園では例外なく猛獣処分が行なわれたようだ．上野動物園のアジアゾウ舎のそばに動物慰霊碑があり，幼稚園児や小学生を中心とする来園者から贈られた千羽ツルが絶えることなく飾られている．慰霊碑の前で，幼稚園や小学生のグループに「かわいそうなゾウ」のはなしをする引率の先生の姿をよく見かける．悲しい出来事を乗り越え，平和を守る大切さが次の世代へきちんと伝わることを願いたい．

　戦争は，動物園ばかりでなく，野生動物にも大きな影響を与える．爆弾が

落とされることで人も動物も同じように殺される．それだけではない．動物のすみかである生息環境も破壊され，生き残った動物も生き続けることができなくなってしまう．

古賀忠道氏は上野動物園の園長として昭和26年（1951）オランダで開かれた国際動物園長会議に参加した．帰国後，彼は「欧州動物園視察記」を著し，そのなかで"Zoo is the Peace～動物園は平和そのもの"と感想を述べている．復員して猛獣処分をはじめとした第二次世界大戦が上野動物園に及ぼした影響を見聞し，敗戦後の動物園復興を指揮した古賀園長は，ヨーロッパの動

元上野動物園 古賀忠道園長
（園長在職期間 1937～1962）
（東京動物園協会 提供）

物園を視察しながら動物園と平和について熟考されたのであろう．

動物園の存在は平和であることを前提としているといってよい．古賀園長の言葉の意味は現在，ますます重くなっている．これからの動物園がどうなっていくか，国際協力のもと人と生物の共生を目指して動物園の機能を発揮できる存在となってほしいと希望するが，そのためには私たち一人ひとりの不断の努力で平和を保つことが大切である．"Zoo is the Peace"の意味をかみ締めながら，本稿を終わりたい．

参考文献

古賀忠道（1953）：欧州動物園視察記，（財）東京動物園協会

William G.Conwey（1968）：How to exhibit a bullfrog ; a bed-side story for zoo men. International Zoo Yearbook Vol.13

土家由岐雄（1970）：かわいそうなゾウ. 金の星社

佐々木時雄（1975）：動物園の歴史. 西田書店

佐々木時雄・佐々木拓二編（1977）：続動物園の歴史. 西田書店

デンベック.H著，小西正泰，渡辺清（訳）（1980）：動物園の誕生. 築地書館

東京都（1982）：上野動物園百年史. 東京都

成島悦雄（1988）：文化を通して動物を見る. どうぶつと動物園1988年10月号. 東京動物園協会

若生謙二（1993）：日米における動物園の発展過程に関する研究. 東京大学審査学位論文

渡辺守雄（1996）：「動物園」の象徴政治学的諸相. 現代思想 24（4）：179 - 205

小森厚（1997）：もう一つの上野動物園史. 丸善株式会社

小森厚（2000）：動物園の現状と課題 - 21世紀の動物園を求めて-. 1999年度明治大学学芸員養成課程紀要31 - 38

Kisling,V.N.（ed）（2001）：Zoo and Aquarium History. CRC Press

大丸秀士（2003）：動物園・水族館における動物慰霊碑の設置状況. 第9回　ヒトと動物の関係学会学術大会報告

日経トレンディ編集部編（2005）：水族館・動物園ランキング. 日経トレンディ2005年7月号，日経ホーム出版社

小菅正夫，岩野俊郎，島泰三（2006）：戦う動物園-旭山動物園と到津の森公園の物語. 中央公論新社

本川達雄（2006）：「長生き」が地球を滅ぼす-現代人の時間とエネルギー. 阪急コミュニケーションズ

成島悦雄（2006）：今，なぜ動物園なのか. 畜産の研究60（1）1 - 5. 養賢堂

アンソニー，L.，スペンス. A.，著，青山陽子訳（2007）：戦火のバグダッド動物園を救え. 早川書房

日経トレンディ編集部編（2008）：動物園「ビックリ度」格付け. 日経トレンディ2007年8月号，日経ホーム出版社

ダイアン・アッカーマン著，青木玲訳（2009）：ユダヤ人を救った動物園. 亜紀書房

日本動物園水族館協会（2008）：平成19年度文部科学省委託地域と共に歩む博物館

　育成事業「日本の博物館の動向にかかる総合調査研究」．日本の動物園水族館総合
　　報告書

環境省（2009）：第三次生物多様性国家戦略，環境省

澤田喜子（2010）：わたしの見たかわいそうなゾウ．今人社

三上右近（2010）：戦時中の動物園．http：//zoo‐during‐war.com/

日本動物園水族館協会（2010）：日本動物園水族館協会加盟動物園水族館年度別総入
　　館者数．（社）日本動物園水族館協会

東京動物園協会（2010）：平成21年度上野動物園利用者満足度アンケート．（公財）
　　東京動物園協会

動物園年表

1752	オーストリア	シェンブルン動物園
1793	フランス	ジャルダンテプラント（パリ）
1828	イギリス	ロンドン動物園
1838	オランダ	アムステルダム動物園
1843	ベルギー	アントワープ動物園
1844	ドイツ	ベルリン動物園
1858	オランダ	ロッテルダム動物園
1858	ドイツ	フランクフルト動物園
1859	デンマーク	コペンハーゲン動物園
1861	オーストラリア	メルボルン動物園
1861	米国	セントラルパーク動物園（ニューヨーク）
1864	ロシア	モスクワ動物園
1864	ベトナム	サイゴン動物園
1864	インドネシア	ラグナン動物園（ジャカルタ）
1866	ハンガリー	ブタペスト動物園
1868	米国	リンカーンパーク動物園（シカゴ）
1869	スペイン	マドリッド動物園
1871	香港	香港動植物園
1872	パキスタン	ラホール動物園
1874	スイス	バーゼル動物園
1874	アルゼンチン	ブエノスアイレス動物園
1874	米国	フィラデルフィア動物園
1881	パキスタン	カラチ動物園
1882	日本	上野動物園
1884	ポルトガル	リスボン動物園
1889	フィンランド	ヘルシンキ動物園
1891	エジプト	ギザ動物園（カイロ）
1891	スウェーデン	スカンセン動物園（ストックホルム）
1899	南アフリカ	国立動物園（プレトリア）
1901	スーダン	ハルツーム動物園
1903	日本	京都動物園
1906	ミャンマー	ラングーン動物園
1906	中国	北京動物園
1907	ドイツ	ハーゲンベック動物園（ハンブルグ）
1909	スリランカ	コロンボ博物館動物園
1909	韓国	昌慶苑動物園（ソウル）
1912	日本	枚方パーク
1915	日本	大阪市立天王寺動物園

1924	日本	宝塚動物園
1925	マダガスカル	チンバザザ動植物園（アンタナナリボ）
1926	メキシコ	チャプルテペク動物園（メキシコシティ）
1928	マレーシア	ジョホールバール動物園
1929	モザンビーク	マプト動物園
1929	日本	阪神パーク
1931	チェコ	プラハ動物園
1933	日本	到津遊園
1936	スリランカ	国立動物園（コロンボ）
1937	カザフスタン	アルマティ動物園
1937	日本	名古屋市東山動物園
1938	イスラエル	テルアビブ動物園
1938	タイ	ドゥーシット動物園（バンコック）
1939	トルコ	イスタンブール動物園
1942	日本	井の頭自然文化園
1945	ブラジル	リオデジャネイロ動物園
1950	日本	小田原動物園
1951	日本	姫路市立動物園
1951	日本	札幌市円山動物園
1956	日本	日本モンキーセンター
1958	イラン	テヘラン動物園
1958	日本	多摩動物公園
1959	フィリピン	マニラ動植物園
1959	イギリス	ジャージー動物園（ジャージー島)
1964	バングラデシュ	ダッカ動物園
1965	サウジアラビア	リヤド動物園
1967	ドバイ	ドバイ動物園水族館
1967	日本	旭川市旭山動物園
1968	クエート	クエート動物園
1969	日本	静岡市日本平動物園
1971	日本	広島市安佐動物公園
1975	日本	釧路市動物園
1976	日本	九州自然動物公園
1979	日本	群馬サファリパーク
1980	日本	富士サファリパーク
1984	日本	富山市ファミリーパーク
1989	日本	盛岡市動物公園

大人のための動物園ガイド　　　　　　　　　　　© 成島悦雄　2011

2011 年 2 月 2 日　　第 1 版第 1 刷発行
2016 年 7 月 15 日　　第 1 版第 2 刷発行
2023 年 8 月 1 日　　第 2 版第 1 刷発行

著者代表者　　成 島 悦 雄

発　行　者　　及 川 雅 司

発　行　所　　株式会社 養 賢 堂　　〒113-0033
　　　　　　　　　　　　　　　　　　東京都文京区本郷 5 丁目 30 番 15 号
　　　　　　　　　　　　　　　　　　電話 03-3814-0911 ／ FAX 03-3812-2615
　　　　　　　　　　　　　　　　　　https://www.yokendo.com/

印刷・製本：新日本印刷株式会社　　　　本文：ニュー V マット・44.5kg：王子三菱
　　　　　　　　　　　　　　　　　　　表紙：ベルグラウス T ・19.5kg：竹尾

PRINTED IN JAPAN　　　　　　　　ISBN 978-4-8425-0598-5　C1045

・著者の所属先は「第 1 版第 1 刷発行日現在」です。